[日]黑川雅之 著
匡匡 译

デザインと死

# 设计与死

中信出版集团·北京

### 图书在版编目（CIP）数据

设计与死 /（日）黑川雅之著；匡匡译 . -- 北京：
中信出版社，2018.3（2021.3 重印）
（黑川雅之设计系列）
ISBN 978-7-5086-8292-1

Ⅰ.①设… Ⅱ.①黑… ②匡… Ⅲ.①产品设计 – 研
究 – 日本 Ⅳ.① TB472

中国版本图书馆 CIP 数据核字（2017）第 264509 号

本书内容由黑川雅之先生授权，在中国大陆地区编辑出版中文简体版
未经书面同意，不得以任何形式复制或转载

### 设计与死

著　　者：［日］黑川雅之
译　　者：匡匡
出版发行：中信出版集团股份有限公司
　　　　　（北京市朝阳区惠新东街甲 4 号富盛大厦 2 座　邮编　100029）
承　印　者：山东临沂新华印刷物流集团有限责任公司

开　　本：787mm×1092mm　1/32　　印　　张：4.5　　字　　数：110 千字
版　　次：2018 年 3 月第 1 版　　　　印　　次：2021 年 3 月第 7 次印刷
书　　号：ISBN 978-7-5086-8292-1
定　　价：32.00 元

版权所有·侵权必究
如有印刷、装订问题，本公司负责调换。
服务热线：400-600-8099
投稿邮箱：author@citicpub.com

# 目　录

1　设计，唯有从独特的"自我"出发，
　　方能与他人产生真切的共鸣

5　内行要按自己的想法做设计

8　学习与创作，如同"呼吸"一般

10　全无秋意的秋日里，对日本审美意识的一点思考

13　归根结底，建筑也好，设计也罢，
　　都是"爱的问题"？

17　寻美人生，如同羁旅

18　不懂 DESIGN 的设计师，也做不了 design

20　我摄影时，并没有拍摄"物体"

22　要活在"深不可测的恐惧"与
　　"沸腾向上的生命力"的夹缝中

25　真想见见去世的朋友

29　"生命"这种现象，
　　必定是宇宙的某个"特异点"

33　命运与偶然，因"祈祷"合为一体

36　渐渐地，我看清了死亡的本质

40　广泛涉猎各种领域，在力所能及的范围内，
　　组建小规模团队展开创作

42　简洁明了，
　　创办以自己名字的首字母大写命名的公司

44　为了摆脱代工模式，
　　需要崭新的产品制造组织结构

46　设计师也要"做东西"

49　对匠人的感受力心怀憧憬，却求而不得

51　设计师要成为产品的监制

54　思考"死"，便会更加珍惜"生"

57　我做了一只镶金箔的盘子

59　做东西，其实是"还原气息"

62　"杂"之中包含的混沌性

64　断然拒绝登上顶点之后，
　　便不断衰退下滑的人生

65　个人意识的觉醒，才是环保的起点

67　物，是作品，是商品，是工具，也是环境

69　何谓制作

71　逆向思考，才能领悟重要的道理

73　对人通融，为己守矩

76　耐心等候中国的成长发展

78 死去，便是消失

79 丢掉"计划"这个属于 20 世纪的协调性概念

83 为自己的观点署名，光明磊落地发表

85 人之生死，如同呼吸

87 金钱，越追越逃

89 真有灵魂存在吗

91 聆听美的言语

93 欲求固然重要，成为欲求的对象同样重要

95 站在政府的角度，
培养一种注重投资效果的风气

98 椅子，是一种建筑

99 我对"极乐净土"这个词深感震撼

101 活着，也是为了美

103 专业人士背后的业余精神

105 人类或许会因为文明的高度发达，
迎来自身的毁灭

107 不足是缺陷，过之犹不及

109 身体之美

112 非连续的连续性

114 手与脚，皆受躯体的支配

117 持续发展，源自死亡这一伟大机制

119　设计物体造型时，我早已对其触感了然于心

121　又一位友人离世了

123　"死"这个字在封面上旋转翻滚

125　我只是想要去创造

128　人，因为想要创作而创作

130　**补　记**

# 设计,唯有从独特的"自我"出发,方能与他人产生真切的共鸣
2006.10.01

驱车驶过一片默默无闻的渔村,进入街市不久,一条四周杂木与竹子茂密丛生的羊肠山路便忽然映入眼帘。走过这条短短的、有如在举行夹道仪式般的引导路段,一片空地呈现在眼前,当中停着两三辆汽车。

一只看起来像柴犬或其他杂交品种的狗,与两个小孩儿一起驻留在空地上。其中一名男童把身体吊在约莫四米来高的枫树细枝上,荡来荡去;另一名女童手里摆弄着什么,大概是她心爱的东西。

微微有些幽暗的玄关干净井然,门外透进来的光线美丽动人。这里便是能登半岛上闻名遐迩的旅馆"坂本"了吧?然而,却不见一人出来迎客。在我印象之中,只要一踏入旅馆,就会听到"欢迎光临"的问候声,此刻四下却悄寂非常,根本无人前来相迎。看到面前有只小锣,我敲了敲。这下总算有人走了出来,对我说"请进"。

我被带往一间宽敞舒适的大房,漆成黑色的地板与梁柱看起来光滑闪亮。由此登上台阶,便是一个铺了榻榻米的六叠半大小的居室。一处空间稍许退进的凹室里,摆放着日本传统样式的矮书桌、镜台和纸灯笼。除此之外,还有一台电风扇突兀地搁在那里。所有物品中,属于现代文明产物的,唯有它而已。

户外风光旖旎。当然,也不过是一派寻常可见、不足惊诧的自然美景。秋日将近,虫声啾鸣。但恰巧天气突变,迥别于昨日,暑热达到32℃,亦无一丝凉风。

入口处摆着一张光润亮泽的茶褐色大桌,款式设计充分利用了木材原有的形态。二楼的两个房间,以及稍远处一间客房的住客们,通常在此用餐。坂本旅馆仅有三间客房。

接待者告诉我,"晚餐6点开始,请您先入浴吧",口气十分自然,似乎惯常如此。不过,浴室在哪儿对方却未提及。我很快便在书桌上看到坂本旅馆的平面图,找到了浴室的位置。既不需填写住宿登记,也没有任何说明,迎接我的只有黑色泛光的漂亮地板,平静安详的空间,室外广阔无际、大自然中随处可见的山岳风景,以及狗与孩童。仅此而已,我便掌握了所需了解的一切。在这里,我享受到了毫不刻意、落落大方的欢迎。

晚餐的菜肴有好几种。蟹肉、蔬菜、菌菇炖菜等,琳琅满目。每道菜肴皆精工细做、色香味俱全。口味虽清淡,各种食材的滋味却美妙相融,彼此和谐。米饭好吃,茶亦可口。

我不由思考,所谓"服务"究竟是指什么。比较吸引我的一点是,该旅馆的建筑是由当地建筑师高桥先生依照当地的传统建筑样式设计建造的。这家旅馆既不需住宿登记,不招呼客人进店,又不提供入住指南,用餐亦被限制在固定的时间、固定的地点。如果客人开口提要求,服务人员当然会竭尽所能帮助你;但只要客人不提要求,就一切任由客人自足。旅馆的老板娘是谁,你无从知晓,她也并不上前跟你打招呼,这让你陷入一种错觉,仿佛自己就是此处的居民。

因此,你所体验到的就是:丰富的自然美景——是的,一派天然、毫无雕琢,有室外徐徐吹来的清风,以及啁啾的虫鸣。用餐时,耳边传来凯斯·杰瑞①的钢琴曲;入浴时,可以望见窗外茂密的竹丛;庭院里,有鸡在踱步,再远一点儿是一片莲池,池中绽放着朵朵白莲;小虫飞进屋来,自在随意、毫不客气,仿佛当自己是随你一同入住的旅伴。

室内未装空调,电灯也未设按钮,而是在灯罩处有个旋钮。当然,也不会有电视、收音机、报纸。房间里既没安电话,又收不到手机信号,你也不好意思去问旅馆的服务人员这里是否可以上网。

所有客人都适应了这个远离现代文明的环境,并无一丝不满,理所当然地接受,并且将赞颂之辞传播出去。

旅馆经营者并未考虑过为了取悦客人要去做些什么,大概只是自己觉得如此做很好,便如此去做而已。于是,自然而然低调地吸引了许多想法相同的人。客人不感到有任何勉强之处,原因恰恰在于经营者自身也认为"如此很好"吧。

仅仅是为他人做事,并不等于提供了服务。将自己原汁原味的生活如实呈现,邀请他人加入,激发人与人之间的共鸣,这,才可称作是"服务于人"吧。

---

① 凯斯·杰瑞(Keith Jarrett,1945— ):美国爵士乐与古典乐钢琴家、作曲家。

至关重要的是自己的理念。自己的所思所想若能构成一个秩序井然的体系，只要将其展现出来，赞同它的人就会因此聚集。并不需要为了他人刻意去做什么，只把自我原原本本地展现出来即可。

设计，唯有从独特的"自我"出发，方能与他人产生真切的共鸣。

# 内行要按自己的想法做设计
**2006.10.04**

去美发店的时候,发型师会先给我洗头。每次我都会想,好不容易有个机会把头交给专业人士,想舒舒服服地享受一下洗头服务,可发型师却喋喋不休,东问西问,"脖子感觉舒服吗","水温合适吗","有什么没洗到的地方吗","有没冲干净的感觉吗",不给人片刻安宁。每当此时,我总是按捺不住心头的不悦,只敷衍地答一声"嗯"。

给我洗头的小哥想必是个实习生,大概以为方方面面为客人考虑周全才算好服务。为了能使客人感觉舒适,他竭尽全力,小心翼翼,生怕有什么差错。然而,这种做法到底算不算是好服务呢?

每次去寿司店吃饭,我都不发一言,任由寿司师傅安排,他捏什么我吃什么。首先,今日哪样食材最新鲜,寿司师傅才最清楚。在掌握所有食材新鲜度的基础上,他揣度食客的心情,依据食客的状态,调整上寿司的节奏与时机。

"给您捏哪种寿司好呢",这样问的倒也还好。至于"您希望米饭多点还是少点""生鱼要大片还是小片""芥末放多少合适",不会有哪个寿司师傅问客人这些问题的。

手艺高超的寿司师傅,会精确把握客人的心意去提供服务。既然如此,美发店的洗头小哥为什么总问东问西呢?

怎样的水温恰到好处,如果常给客人洗头,心里自然清楚。头发有没有洗净，泡沫冲没冲干净，自己要是连这些都把握不了，可称不上内行。希望洗头小哥能够专业起来，不要向客人问这问那，凡事要果断下决定。

为别人提供服务就该如此。只要没什么特殊状况，不用客人做任何交代，就能给客人舒舒服服地洗个头，给他捏一份美味的寿司，再没有比这更贴心且专业的服务了。在做到了这一点的基础上，客人再根据个人喜好，以及当日的心情提点儿要求就可以了。

想来做设计时亦同此理。做住宅设计的时候，声称全权交给设计师把握的客户才最可怕。因为他们是在考验设计师的才能，考察设计师的水平。而那些要求多多、指手画脚的客户，难免会让设计师觉得，"哦，做这样的设计，何必找我？换谁来做岂不都行吗？"客户或许在居住体验方面算是行家，却并非住宅设计领域的专业人士。其实，把专业领域的事情交给专业人士去办就好。在产品设计当中，许多设计师也存在一种错误的认知，他们以为，倾听客户的意见十分重要，这是在为客户着想。然而，在面向不确定的群体做产品设计时，太过在意用户的看法，将无法做出好的设计。

如果你是专业人士，就请好好坚持自己的见解，按照自己的想法进行设计。那些拿不出自己想法的人，才会貌似恳切地听取客户的意见，其实不过是因为缺乏自信才去征询旁人的看法罢了。因为他们觉得，听从了别人的意见，自己就不用为之承担责任，便可安心无忧了。

所谓服务，是通过自己的专业判断，找到能够让他人欣悦并认可的方案，然后承担起自身的职责，默默地去把事情安排和处理妥善。其实，所谓"规律""共鸣"，都是这样经由个体的感受和理解去发现的。就像寿司师傅，身为行家里手、专业人士，为大众提供自己确信无误的"绝对好吃"的寿司；也只有这样的寿司，才可能被大家接受，最终被冠以"极致美味"之名。因为它们是由专业人士在对美味深入探究后创造的最优结果。

确实，寿司师傅的技艺、才学会左右服务质量。寿司达人作为一个"具有个性的人"，他所秉持的思想、见解都决定着寿司味道与服务的好坏。正是这种具有"特殊才能"的专业人士以职业尊严担保来提供专业见解，才使大众享受到了真正的好服务。

# 学习与创作，如同"呼吸"一般
## 2006.10.05

我在电视上看过书法家柿沼康二的一个访谈节目。据先生说，所谓临帖就是一笔一画去临摹名家的书法。他说自己每天都必须进行临帖练习。先有临摹，再有创作。在我看来，两者的关系就如同"呼吸"一般。聆听优秀钢琴家的演奏，对其模仿，也是另一种意义上的临摹。

我想，创作与学习的关系，正像"呼"与"吸"。如果创作是个呼出气息的过程，那么学习便是将气息吸入。只吸不呼，人将会窒息；而正因为有呼出，方可以做到吸入。

顺畅的呼吸不是从吸气开始，而是从呼气开始。先把原有的气彻底呼出，自然而然便会开始吸气。而一旦对"吸气"这件事有所意识，刻意控制，就无法再好好呼吸了。学习和创作也是如此，如果仅仅是一直学习，倒是可能引发创作；相反，如果只是连续不断地创作，终将才思枯竭，从而开始想要学习补充。因此才说，创作与学习是"呼"与"吸"的关系。

观察一下书法的运笔，你会发现：先是起笔停锋，落于纸上；再轻柔顿笔，调匀气息，利落地拔笔飞提，荡离纸面；随后，再走笔不断，毫无涩滞，将笔锋轻盈牵引至下一处；从笔端离开纸面的刹那，到再次落笔的瞬间，笔在空中舞动出一道道美丽的轨迹。

从翩翩游走于纸上，到为下一次书写蓄势而使笔端飞舞于空中,运笔的律动之中,显示出一种随势而动、挥洒自如的独特意境。准备书写前的拔笔飞提,与行笔纸上的撇捺顿挫,让我感到正是这两种不同的时刻,共同构成一次"呼吸"。

运动当中也有呼吸之道。任何运动动作,都不可能一蹴而就。当然,手臂要先举过头顶,才能落下和挥出;身体要先蹲下或蜷缩,才能弹起和跳跃。这些动作都是连贯的,一气呵成,如同呼吸一般,不好好"呼",就无法"吸"。

要想参加运动竞赛,需要数不清的练习与实战,设计亦然,要经历大量的创作演练,才能做出好的作品。就像深呼吸一样,要深深地吐气,也要深深地吸入。

人如果停止呼吸就会死亡。工作上停止了"呼吸",同样也干不好,甚至会丧失创作生命。

"休息"这个动作,也是工作中构成"呼吸"的重要一环。有休息,才有工作。整个人生,都按照"呼吸"的道理去度过才好。

苦痛与喜悦,演习与实战,练习与创作,休息与行动……这些事情,都如同呼吸一般,彼此关联。

## 全无秋意的秋日里,对日本审美意识的一点思考
2006.10.27

今年的秋天来得含糊不明,还没看过真正意义上"秋高气爽"的晴空。仅有一日,刚觉得秋意盎然、天空如洗,转瞬便阴云密布,下起雨来。

这种情况简直让人感慨:日本这个国家,还真是天气多变呢!但正是这样的气候特点,孕育出日本人丰富多样的审美意识。我不禁要感谢这个全无秋意的秋天了。

回想自己的少年时代,会让我觉得十分有趣。那时的我,即使秋意暧昧且淡漠,也能捕捉到秋天的气息;在秋雨绵绵的日子里,我独爱那份凄美;秋风猎猎之时,也会欣赏它的肃杀;对于夏日里的酷热,我也不以为意,并用心去感受那份炎炎的暑意。

大概正是像我这样,日本人在一点点确立自然观的同时,也培养出丰富多样的审美意识。

拙作《日本的八个审美意识》在日本由讲谈社出版。英国设计师贾斯伯·莫里森[①]在读过这本书的摘要之后,惊讶地说:"日本人怎么会有如此深刻而多样的审美观念呢?"

这种对自然风物的领悟与思考,大约就是孕育了日本人敏锐感

---

[①] 贾斯伯·莫里森(Jasper Morrison, 1959—  ):英国著名设计师,主要从事家具、产品的设计。

受力的原因。

最近我常到中国去，同中国人打交道越来越多，交情日益深厚。虽说与单个的中国人之间不乏共鸣，但与此相悖的是，我总会为中日两国文化间时至今日依然存在的巨大差异与隔阂而备感惊讶。

日本就像一个"文化垃圾箱"，经由亚洲诸国，尤其是中国，将世界各地的宗教与文化悉数吸纳进来，并使它们在日本共生共存。但这种共存又并非杂煮乱炖一般简单烩成一锅便罢，而是将其升华为独一无二的独特文化，我觉得这种独特性堪称奇迹。日本的审美观念迥异于东亚其他各国，甚至无法用"东方审美"一词粗略地加以概括。我认为，更不能单纯以"东方""西方"之类的概念或范畴去进行对比。

日本审美意识的根源，我认为在于如何看待自身与世界的关系。日本人既为秋日晴空下如火的霜叶而欣悦，又热爱瑟瑟秋雨中凄寒的愁绪；既留恋夏日将逝、暑意尚未褪尽时的点点余韵，又动情于枯叶飘零、秋日将尽之际，生命流逝的凄美。将死亡看作生命的另一种形态并接纳它的这种自然观与生命观，便是日本审美意识的根源所在吧。如果不存在对于寂灭消亡的欢欣之情，就无法生出对中秋明月的怜惜之意。以此为出发点，才产生了对人的情感、对美的定义、对街道的构思、对建筑空间的设计，以及各种规矩礼仪、相爱方式，才孕育了日本人的审美意识。

明治维新以后的日本人，在意识观念方面，一度是西方近代思想的奴隶。如今,终于努力从中解放出来,开始回归日本人原有的心态。而且,世界各国的人们也开始渐渐留意到这一点。我也逐渐察觉,日本审美意识之中,存在一种能够预示未来世界形态的秩序感。

# 归根结底，建筑也好，设计也罢，都是"爱的问题"？
2006.11.05

爱是不可解的谜题。它微微隐藏着一丝羞耻感，让人难为情，没办法简单地说出口来。我曾经两次因为"爱"这个词，体验到人与人、心与心之间的隔阂。

某次学术研讨会上，在进行了各种各样的讨论之后，我发言："归根结底，建筑也好，设计也罢，都是'爱的问题'。"话音刚落，听者面露愕然之色，说："抱歉，我无法跟黑川先生交流下去了。"随后便不再搭理我。另一次发生在早稻田大学，印象中我面对学生也说了一番同样的话。最近，我发现当年的那名学生已经成为专业建筑师，并出版了自己的著作。在书中，他引述了我之前的原话，"有位黑川老师曾说……"

既然对方礼数周全，寄赠了自己的著作给我，可见当年并没有要跟我绝交的意思。可是，从他的表述中可以看出，对于我的这句话，他并不觉得感动，而是颇感惊讶。

"归根结底，建筑也好，设计也罢，都是'爱的问题'"，这句话的确令人震惊。"爱"这个词太普通、太平常，并不适合拿来阐述哲学和思想，更何况是建筑与设计。对方大概是想告诉我："拜托，别说得那么极端，好像所有问题最终都可以用一个'爱'字来总结！"

在谈及"爱"之前,似乎需要一些解释和铺垫。我的表述省去了大量的说明,而这些说明十分必要。

首先,就谈谈喜欢的城市吧。我喜欢一座城市的理由,必然是那里有我喜欢的人。也就是说,"起初,我们与人相识;随后,开始喜欢这个人;接着,变得连他居住的城市也一并喜欢起来"。人是构成一座城市的重要因素——不消说,这是理所当然的。对一座城市的爱,往往从爱这里的人开始——这是我活了这么大岁数的深切感受。假如说对城市的爱,是一个事关城市整体的宏观性问题,那么对人的爱,就是与某一个体之间的关系。这种"个体性"尤为关键。

接下来,我想介绍一个美国印第安原住民长老的故事,记得是从《今天是个适合死亡的日子》(南希·伍德[①]著)这本书中读到的。在书里面,长老如此说道:"我知道远处的那个青年和立在那里的树木、岩石都在想些什么。"他说,往昔自己与这些事物是一个整体,但在今世,大家告别彼此,各奔东西,化身成不同的形态。虽说彼此之间各不相同,但因为过去曾为一体,所以能够明白对方的心情。这便是印第安人与天地万物融为一体的自然观。经由这种"一体感",他们体会到与他人、树木等事物的联结。

长老是在讲述一种"与离别之物息息相通、一体相连"的感

---

① 南希·伍德(Nancy Wood,1936—2013):美国现代诗人、作家、摄影家、儿童文学家,生前曾凭诗歌获得普利策奖。

受。如此想来，我觉得也可以这样说——男女昔日同为一体，如今，由于"一分两性"，所以总在相互吸引。大概在长老眼中，与其说是"两性相吸"，倒不如理解为"灵魂深处的爱"才更恰当吧。事物一旦分离，就成了超越自身理解的存在。尽管如此，分离的两方也总在彼此吸引。这其中的哀愁与喜悦，我在他的叙述之中领悟到了。

在我看来，日本人依靠互相体恤去调和彼此的关系，从而活在世间。西方世界有基督教，西方人将价值判断的权柄交托在神的手中，人们靠遵守神制定的准则，才实现了共生共存。而在日本，这种共存依靠的却是"彼此体谅、为人着想"。日本人不倚仗神的管理和指引，而是凭借爱彼此相连。

声音与声音之间，画与画之间，物与物之间，都存在某种间隔。正因为有这些间隔，事物才构成一个浑然充实的整体。所谓的"间"与"隔"，究竟是指什么呢？在间与隔的作用下，声音与声音分离，人与人分离，由此才生出了人与人之间的体恤。而人与人、音与音、物与物的"间隔"，就靠一种"恢复原形"的驱动力来弥合。为了实现美妙动人的调和，"间隔"的存在不可或缺。

曾经在一起的人或物，彼此分离，陷入不安。每个人，每一物，为了消弭这份"分裂的不安"，会对彼此生出关照之心，而这样的互相关照，便是"间隔"。在我看来，这岂不就是爱吗？"间隔"之中，有一种潜在的聚合力。是分裂与聚合两股力量的抵牾与争执，充实了将人与人、物与物区隔开来的空间。

"空间"这个词,由"空"和"间"两个字构成。实际上,在日本文化中,"空"也好,"间"也好,都是充实的。它们和西方的"space"一词,蕴意相差甚远。"space"意味着空空如也、空荡无物,而日语的"空"和"间",却是扎扎实实充满了意义的所在。

"归根结底,建筑也好,设计也罢,都是爱的问题。"当我说出这句话时,"爱"这个让人怯于启齿、隐隐有一丝羞耻感的词语背后,存在着这样深刻的背景。

建筑与产品,归根结底都是为了空间而存在的。这样的空间,是张力满满、充实的空间。并且,人与人在不具有整体性的情况下,凭着个体之间的体恤关照而达成的调和不是依靠"神的秩序",而是通过每个人的爱确立起来的秩序。不具备整体性的、个别的微小单元,凭借关心与爱去构建它们之间的关系,这才是至关重要的。

换句话说,"归根结底,建筑也好,设计也罢,都是全体要素之间如何调和的问题,也是独立的每一点思想如何聚集,最终产生出审美意识的问题"。

# 寻美人生，如同羁旅
2006.11.22

人究竟为了什么而活？有时，我会思考这个问题。

到目前为止，我干过各种各样的工作。从建筑起步，我做过工业建筑的开发、建材开发，也沉迷过产品设计，还进军过互联网产业。如今，我甚至做起自己设计商品、自己负责销售的事业。不过，我认为自己从事的一切，全都属于设计。

日本人喜欢手艺人那种"一心专注一事"的生活方式。我的这种活法，通常并不被人看好。不过，在操心别人的看法之前，我的兴趣总会不由自主地转移到别的领域中去。我似乎是个"兴趣分散型"的人。

我观察自己，想弄明白自己为什么总喜欢来回折腾，就算想要放慢脚步，等回过神来，发现自己又接二连三行动了起来。好奇心满满，仿佛从身体里不断喷涌出来一股力量，推着我去行动。

我质问自己到底为了什么而活，也思索着自己到底是个怎样的人，之所以选择这样活着，至少，必定是因为世间还有太多令我感动的事物吧。所谓感动，是指心灵的悸动吧，或许就是一种生命沸腾的感觉，它与美实际是一回事。正因为有这样的感受，我才愿意为之活下去。

如此看来，我的人生就是一段寻美之旅。

虽说有点儿愧不敢当，但我会小声地称自己为"美的狩猎者"。

# 不懂DESIGN的设计师，也做不了design
2006.11.23

所谓设计，它的范畴如何界定？在我看来，似乎可以将其划分为两大类别。一般而言，一类是用物品这种形式，将形形色色的欲求加以凝聚和统合，即为设计；另一个重要类别，则是创造出使物品设计得以成立的条件。

前者我用英文小写的"design"来表示，后者则用大写的"DESIGN"表示。

通常，设计师们都在从事design——在产品制造的过程中，将人、组织、时代与文化中过剩的欲望整合到某一形态之中。可以暂且假设，产品使用者的欲求是设计的最终决定力量。即便是这样来看，这也依然是个复杂的过程。便于使用却不利于回收的材料，即使拿来制造产品，最终也会给使用者的生活带来损失与不便，因此，问题并不简单。不仅仅是使用者，销售者、制造者也都有各自的欲求，如果满足不了，就无法创造出产品。要把如此之多的人与组织的欲求，整合成某个统一的形态，从这个角度来看，设计绝非仅仅拿出个简单美丽的样式便能宣告完成的。

不过复杂归复杂，在这件事上，也有灵光乍现、单纯凭直觉便找到最佳方案的情况，因为所谓欲望的聚合，换句话说就是"美如何形成"的问题。当各种各样的力量轰然汇聚一处的瞬间，也正是直觉催生出结论的瞬间。这种妙不可言的滋味，若非从事设计的人，恐怕很难领略。我想，这大概就像传奇棒球明星铃木一郎①一举击中了投手的刁钻"魔球"，或者理论物理学家发现了某个公式时，那种痛快的感觉吧。

即使做到了这一步，也还称不上是满意的设计。哦，倒不如说仅仅做到这种程度的话，大多数情况下，根本无法产生真正的设计。此时，就该轮到 DESIGN 登场了。

DESIGN，可以说是对条件的创造与把控。不设法整饬社会环境，开创让企业避免做出错误决策的良性生态，发起改变社会意识的公关宣传活动，就很难会有真正的 design。想要做出好的 design，单凭设计师的能力是绝对办不到的。

设计，与其说是"创造"，不如说是"应运而生"，需要作为"接纳者"的社会方面给予力量辅助。既有能力影响和改善社会环境，又有能力从事具体 design 的设计师，才能拿出优秀的作品。

换言之，DESIGN 为了 design 而存在。可以说，不懂 DESIGN 的设计师，也做不了 design。

---

① 铃木一郎（1973— ）：日本超级职业棒球明星，美国职业棒球大联盟最佳选手，有"日本第一棒"之称。

# 我摄影时,并没有拍摄"物体"
2006.12.10

我一直打算认真地搞一搞摄影,可看了看自己拍出来的照片,发现自己并没有在拍摄物体,而是总在试图捕捉空间。空间是物与物存在的"间隙",拍摄空间,可以说也就等于在拍摄物体。话虽如此,可在我拍的照片里却没有抓取到物的灵魂。

鉴于我是个建筑师,这种情况大概也算正常。不过,相较于拍摄空间,我更想捕捉的,其实是"物"所散发的气息,将其称作"气场"也未尝不可。

在我看来,"间"是两个或两个以上物体所散发出的气场的乘积。想要将单独一件物品或一个人所散发出来的"气势""风情"之类的迫人力量摄入镜头之中,是件极为困难的事情。空间、空隙尚可通过光与影在某种程度上予以捕捉,但气场却是无法轻易表现出来的。

江户时代后期的僧侣木喰五行留下了大量的木雕作品。美学家柳宗悦[①]围绕这些木雕作品写下了许多文章。因为木雕不属于寻常物件,单独一尊木雕散发的气场便足以迫人心神,所以大概只需简单地按下快门,就能拍摄到它的魂魄。

---

① 柳宗悦(1889—1961):日本著名民艺理论家、美学家,号称"民艺之父"。著有《工艺文化》《工艺之道》《民艺四十年》《日本手工艺》等作品。

究竟是我摄影技术的问题呢,还是世上并不存在如此神完气足、能够被镜头捕捉魂魄的物品?答案或许是后者。倘若只是我技术不足,还可以通过努力去达成,但如果压根不存在这样的曼妙之物,就太可悲了。

摄影的关键,或许首要的便是对"被摄物"的发现。要点不在于拍摄时的技术,而在于发现的能力。这样一想,摄影也是门深奥的艺术。

## 要活在"深不可测的恐惧"与"沸腾向上的生命力"的夹缝中
2007.01.01

虽说什么都没有改变,但新一年的到来还是令人心情愉悦。其实,生日也好,正月也罢,都不过是给冗长散漫的日子打上一些"间隔符",让我们欢呼着"生日到啦""正月来啦",然后以此为新的起点再度启程,让生命力再度复苏。"好嘞!就从今天开始做起吧!"每日清早醒来,我都会这样告诉自己,仅凭着这一点决心,便再次出发。

时间与空间一样,是个具有连续性的概念。然而,只要一和人发生关联,它就会显露出迥然不同的意义与面貌。"现在"是一个瞬间,它时时刻刻、永不停歇地变化、消逝。在它之前,以及在它之后,永远存在着"从今以前的过去"与"从今往后的未来"。

问题是,"从今以前的过去"和"从今往后的未来"之间,有一个巨大的断层。

"现在"总被巨大的记忆束缚。不仅是从人出生的那一刻起,甚至自生命在地球上诞生以来的所有记忆,都存储在人类的遗传因子——基因当中,决定着我们现有的价值观。或者不必提价值观了,就连行为方式这种可以称作是本能性的生理反应,也刻录在我们的基因当中。

未来是指我们尚不曾经历过的时间。我们立足于"现在"这个人生的起点位置，时而谨慎去预言，时而怀抱朦胧的预感，时而去大胆梦想，时而清晰地加以规划……未来，就脱始于这样的一团迷雾之中。

不可思议的是，人同时拥有两种奇异的力量。一种是消极的，一种是积极的，它们同时支配着我们的心智，而且是支配着"当下"的、"现在"的我们。

消极让我们活在"深不可测的恐惧"之中。人类或是提出某种主张，或是关心自己的家人，时而热爱自身的同类，时而发起战争，时而皈依宗教，这些活动的动机，都源于"深不可测的恐惧"。

这种恐惧是如何产生的呢？恐怕是从我们诞生于世的瞬间就已经开始了。它始于一种对"降生"本身的不安。人在出生之前，曾寄居于母亲的子宫，待在与自己体温相同的环境里，漂浮在羊水中，处于失重状态，既无须呼吸空气，又不必进食，活得十分安逸。而降生，就是从安详的母体里，突然被用力挤压并驱赶出来。假设这个过程叫作降生，那岂非无可比拟的痛苦？自那一瞬间，人置身于重力场中，失去了母亲暖暖的体温，不得不靠自己呼吸，不喝点儿什么就会死掉，被放逐在这样严酷的环境当中。

诞生，从人类的角度来看，大概是件值得庆贺的事吧？但对于经历分娩的婴儿来说，无疑是个充满苦痛与恐惧的瞬间。这种经历和体会从生命的起源就刻在生物基因之中。"深不可测的恐惧"便是如此，并非单单停留在对"深不可测"的不安中，而是作为"无法拯救的痛苦"，潜藏在人类的生命里。

一方面，降生的记忆储存在每一个人的基因之中；另一方面，有意思的是，关于死亡的记忆在人脑中却毫无痕迹。人死之后，在生之过程中所有的记忆，绝对无法再传承给孩子。对于生命体来说，死亡是一个过往从未体验过的未知世界。

"深不可测的恐惧"之外，另一种左右我们的力量是"沸腾向上的生命力"。对于未知的未来，在基因之中，找不到一丝一毫有关它的痕迹。我们每个人都只能凭借过往人生的记忆去推测和判断。即使这样做出的判断结论悲惨，或预测出了一个未必光明的前景，人们也会怀揣美好的梦想，去预感那未曾经历过的未来。这股力量来自何处，无从得知。不过，生命力也会促使我们做出"车到山前必有路"的乐观判断，生出"事在人为"的决心。

人活在"深不可测的恐惧"与"沸腾向上的生命力"的夹缝中。新年、生日以及每天早晨下定的决心，都是为了从恐惧中解脱出来。

我更喜欢这样的死法：不是一日日衰老、一点点消亡，而是活着活着，活到人生终点时，突然便从这个世界遁去。我希望自己的生命，不是一条渐次低落的抛物线，而是一条笔直向天的直线，延伸着，延伸着，忽而消失不见。

# 真想见见去世的朋友
2007.02.10

我有一位大连的朋友，突然去世了。

身在东京的我，跟这位朋友并非每天都能见面，缺乏一点儿现实方面的关联感，因此，对于他的死也就很难产生真实感。

我们结交尚不足一年，靠着电子邮件往来，单从感受来说，觉得彼此早已建立起心灵深处的默契。尽管他的死令我哀痛，但人走才不过十二天，所以至今让我难以相信它的真实性。只是这份失落感潜藏在心头，每天都会被唤醒好几次。

这位友人的存在，最初就像个虚幻的梦。现在等于是从一个虚幻的梦，演变成一个真实的梦。

他是个存在感稀薄的人，活在世上的仿佛只有一颗心。对于自己的主张，他也很少开口表达。就是如此微弱的一点点存在感，无声无息地消失在缥缈的彼世。

他的离世竟激起我心头如此巨大的失落感，连我自己都难以置信。他明明不是那种具有强烈存在感的人，为何久久无法从我心头淡出呢？

走了的友人，对我此刻的心情一无所知，他甚至不会对自己"已经死去"这个事实有所觉知。死者只是从这个世界消失了而已，对他本人来说，并没有任何事情发生。

匪夷所思的是，"出事"的唯有我们所处的这个世界而已。心头被凿了一个空空的洞，为此哀痛不已的，只有留在这个世界的我们而已。这份无以名状、无法摆脱的伤悲，甚至没办法传达给已逝的人。看似理所当然的事，细想来却着实不可思议。

我想，自降生的瞬间起，人的身体里或许就残存着模糊而莫名的记忆。出生前的人浮游在近乎失重的羊水中，安乐地度过每一天，无须呼吸，不必进食。可有一天，他突然就从这样的环境中被强行挤出。毫无疑问，这让人感觉是件充满痛苦与恐惧的事。从母亲的子宫，满身血污地挣扎着降生到这个世间，这份记忆，不仅出生者本人，就连数百万年前的祖先肯定也有过相同的感知。它作为一段信息，记载在我所继承的基因之中，因此降生时刻的感受切切实实地留存在我的记忆里。然而，关于死亡瞬间的记忆，我却全然不曾有过。因为基因中并不具有储存死亡记忆的构造。既然死者没有将这份基因传承给后代的机会，死亡的过程便不会作为记忆留存下来。死对于我们来说便终归是个未知事物。

逝者只是消失了，他与这个世间所发生的一切，无论是从生命体的角度，还是遗传学角度，都再无任何关系。

仅仅在活着的人们之间，留存着关于死者的回忆。而这些回忆，亦无法去和死者交流了。大概正是这个缘故，人们才总希望能有一个跟死者进行沟通的途径吧。于是，那些具备手段、渠道，能跟死者建立联系的人，以及构想死后世界的宗教，也才会相继登场吧。

纵然如此，对于死亡，哪个活人也没有答案，甚至无从想象。

死亡的面貌，要么是借助宗教的力量构建出来的，要么就只能把它当作"消失"去理解。

我很想见见那位去世的朋友，想知道死后的他都在想些什么，但这是无法实现的心愿。原本跟他约好两周之后要见面的，一场突如其来的事故造成了他的死亡，我们之间的约定不需任何借口便永远取消了。

死亡会造访每一个人，并且突如其来的造访十分寻常。除却极少一部分人，大家最终都会将死者遗忘；即使偶尔忆起，所记得的也是死亡的事实本身而已。死便是这样登场的——对于逝者来说，什么都未曾发生，却给生者以沉重的打击，且随着时间的流逝，就连这份打击也会慢慢消失，仅剩下些微的惋惜与忧伤，而逝者的音容也变成了永远的过往。

我也会迎来这个瞬间——最终不被任何人记得、微不足道地死去，并且我是对自己的死浑然不知地从这个世间永远消失。

起初，我会给周围的人们带去一点儿小小的影响，就如同钟声的余韵，留给身边的亲友们形形色色的回忆，间或也有麻烦，随后便一点儿一点儿地，消失殆尽。

关于死，我想最重要的似乎恰恰是这点儿余韵。如果逝者本人毫不知情地就这样消失了，那么回响在世间的一点点余韵，便成了他死去的证明。如果世上存在"死的设计"这回事，那一定就是留有余韵的设计。

但愿我能够认认真真地活着，在死亡到访的瞬间，也能够淡然无声地退场，不是像一支箭那样活着坠落于地，而是嗖地一下消失在天际。

去世的友人，此刻也不知怎么样了。消失的他，仅仅是不在此地了而已。他留下的余韵令我感到寂寥。我不由觉得，比起被抛在这世间的我，走了的他其实更加幸福。

# "生命"这种现象，
# 必定是宇宙的某个"特异点"

2007.02.18

每一个人都拥有属于自己的哀乐人生。羞耻之事，不悦之事，让人情不自禁露出微笑之事，或一想起便满腹辛酸之事，那些使人不由自主地感到的不安、寂寞、嫉妒，受到侮蔑、自我厌弃，还有给自己打气加油的瞬间——"要好好干哟"，以及再次陷入消沉颓丧的时刻……凡此种种，人人都活在其中。人生并不简单，每日每夜，都既有劳苦，亦有与之相抵的快乐。

乘客爆满的电车里，彼此肉贴肉挤在一起的陌生人，或两车交错之际，对面车窗里驾车人的身影……无论是谁，看似平静度日的外表下，是各自尝尽千滋百味的人生。虽说生活的苦涩艰辛在所难免，但日复一日，领略百般痛苦之后，人往往会变得麻木漠然、得过且过。

即使发封邮件，问候一句"你还好吗"，或在公寓大门口迎面相遇时打个招呼，说句"你好"，我们也并不会对对方的人生际遇有任何深切的感知——仅是流于表面的客套寒暄，自我感觉交情不错而已。

每个人都不会把情绪一五一十地挂在脸上。因为喜悦也好，悲伤也罢，他人对此并不能给予真正的理解。

在这样彼此相隔、心意不通的人世中，千奇百怪的事情以千奇百怪的形式，每天都在上演。看着报纸上和电视里沸沸扬扬的时事报道，感觉人类社会的复杂肮脏简直难躲难逃。贪污渎职、串通舞弊、杀害尊亲、废物的不合理丢弃、政坛斗争、霸凌与自杀、家庭暴力、强奸杀人、宗教对立、人种歧视、掠夺式并购、欺诈事件……放眼望去，尽是人性的可悲。

可话说回来，世界上还有各种各样的志愿者援助活动，还有针对各种议题的研讨会在各地举行，以及演奏会、展览会等，积极向上的活动，不计其数。

纵使世事维艰，人们仍在全力以赴。我总在想，人活于世是件多么辛苦的事啊！但与此同时，又是多么精彩纷呈！

如此看来，自杀行为就是斩断对人生百味的心理体验，试图将它们彻底删除。无论喜人也好，恼人也罢，纷纭来去的种种思绪和感受，让人再也无力招架，甚至不惜结束性命。为了解救自己，宁可将自己的存在一并抹去，这便是自杀的本质吧。

我想，发生在身外的事件和内心产生的感受，都是"生命"所致。它原本就是这样无所不包的东西——成长、破坏、争斗、共鸣、希望、记忆、梦想、绝望……以及除此之外的一切，都囊括在生命的内涵当中。

我们无法得知生命起源于何时。虽有预测说，在地球以外的星球上也存在与人类似的生命体，但并没有什么实际的发现。仅出现于地球的生命现象，毫无疑问是宇宙中的一个"特异点"，是特殊到几乎不可能再发生的例外。我渐渐地觉得，"生命"这种东西是宇宙中瞬间偶发的一次异常。人类的漫长历史，或者说生物的漫长历史，从时间的角度来衡量，都不过是极其短暂的一刹那。

宇宙中生命体发展的历史和所处的空间，从大自然法则的角度来看，岂非一个奇迹？但这充其量只是一瞬间的特异现象。如果说生命的诞生是个"特异点"，那么死亡才是宇宙中正常、普遍的存在。在"死"这种宇宙里最广泛寻常的形态之上，产生了异常的"生"，人类只是隶属其中的一个单元而已。所谓死，是化为尘烟，从形态上回归于原子。宇宙空间中，弥漫着生命诞生以前的原子形态。一次不可预料的偶发反应，在这个原子世界中聚合出了生命。因此，死亡才是自然，生命才是特异。

死，是从这个世界倏而消失。死了的人不会对死留存任何记忆，也无法将过程记录在他的基因里。失去生命，进入死后的世界，岂非意味着从我们置身的此世，回归到一个宇宙统御和主宰的空间中去？所谓死亡，就是没有了思考意识，肉体腐烂，或在火葬中化为灰尘与气体，或被其他动物吃掉并消化，最终转化为一股能量，也就是分解成分子或原子的形态。人的消亡，是丧失了作为生命体的种种意识——恨与爱、喜与乐等，丧失作为生命体而具备的各种情感，化为一堆单纯的宇宙分子。

在我看来，自然与宇宙如同浩瀚汪洋，人类世界浮游其上。死就是从人世投归大海。这并不是说我们居于"此世"，死后将移步前往另一个外部的"彼世"，而是"此世"如一个漂浮在宇宙之中的"特异点"，人死之后，就从这个"特异点"被释放到更为广大而普通的空间里去。

形形色色的事件接连不断地发生在宇宙之中，而其中的某一次造就了生命的出现。我们人类如同曾经信奉地心说一般，不过是以自身存在的世界为中心，去思考死后的所在，去理解宇宙的构造。毫无疑问，时至今日人们仍迷信着这样的"地心说"。

不过，这样也好。

我们没有必要在任何时候都站在宇宙尽头去眺望我们的世界，通过自己的视角，以自我为中心去思考即可。

在意识的世界里，自我本来就是中心。当下是中心，地球是中心，今生此世是中心，这没什么问题。循环往复发生在我们周遭的一切，恰是生命现象本身。如果我们为生命而欢欣，也就理当热爱生命中所有的喜怒哀乐。人只要活于世，便会被生命的力量捉弄，对此，我们不如开怀笑纳。

我当然不会期盼着死亡。我会继续投身到此生此世这个矛盾重重的"特异点"中，为他人的离世而悲伤，为他人的笑容而欣慰，为探求真知真相而不断将自己抛向新的挑战。我不去想这一切意味着什么，有什么意义，但绝对会持续地探索下去。

设计就是这样一辆载我前行的人生列车。终有一天，它会从生命这个"特异点"脱轨而去，奔向更为广阔的宇宙之中最为平凡的一站——死亡，然后彻底归返自然。届时，它便犹如穿越了一道位于此世边境之上的"结界"，突然就被"彼世"吞没不见。

从此世的角度来看，死无疑如同"人间蒸发"。大概正是因为这样，人们才会用"升天"来形容它吧。

# 命运与偶然，因"祈祷"合为一体
2007.02.24

有一本书叫作《今天是个适合死亡的日子》，书名出自一位美国印第安原住民的话。这句话反映了印第安人以一种充满尊严的态度，豁达地看待自身生死的自然观。它并没有宣扬宗教式的生死观，而是将自身视作自然的一部分去理解人生。

若是有知交因事故身亡，人们总会无可避免地想到"偶然"这个词。早一分钟从家出门的话，就不会遭遇这次事故了吧？或者，那时候要是坚持邀他和自己待在一起的话，就不会发生这种事了吧……之所以产生这样的想法，是因为人们从不将死亡当作一种命运、一种宿命，只会认为是极其微不足道的偶然将逝者推向死亡。

偶然性，几乎支配着我们人生的全部。假使父亲和母亲当年不相识，就不会有自己的存在。数亿精子彼此竞争着奔向卵子，如若当时另外一个精子先与卵子结合，那么哪怕父母相识，他们生下的孩子也不会是我。

我们自身，实际是作为一个偶然的结果来到世间的。

浩瀚宇宙中，地球的形成，以及地球上生命的诞生，都被认为是奇迹般的偶然现象。混沌物质某一次偶然的聚变创造了生命，由此发展成为具有思想意识的人类。

人与人的相识是偶然的。遇见一件美丽的陶器，也是偶然性赋予人的美的体验。即便是人的意志诱发了这份偶然，偶然依旧是偶然。我总觉得，那种充满生命活力、令人心神悸动的美，倘若不借助偶然的力量，是根本无法产生的。

偶然，造就了生命，也造就了艺术。可以说，它是宇宙中的一个真理。

从另一个角度来说，我们也可以将发生的一切归结为命运。

我们可以把事故造成的死亡理解为一个人自身的命运。同时，父母的相识、精子与卵子的结合，也都是命运的安排。地球的形成、生命的诞生、人类的登场，皆是超自然力量与神一手策划的命运。

如此一想，你会觉得，死者会有他的来世，生者也有自己的前世。通过将思考切换至"命运"这种模式，也就多多少少能够从友人之死的惋惜与悲伤中解脱出来，因为结局早已注定。即使早一分钟走出家门，大概仍会遭遇相同的厄运。无论自己如何态度坚决地阻止对方外出，甚至换个其他日子，没准儿还会发生同样的不测。只要从"命运"的角度去思考，我们就会这样去想问题。

"偶然"这种理解方式，让我们承认人生本身就是一次偶然，从而接受浩瀚宇宙的真理，将自己从悲痛中解救出来。思考命运，让我们认识到"一切皆是命中注定"，从而得以超越伤痛。

完全处于两极的概念，偶然与命运，开始具有相同的意义。

祈祷，无疑是联结偶然与命运的一种仪式。科学与唯心，虽说往往不能达成统一，但"偶然"这个科学的概念，与"命运"这个唯心的概念，却可以经由祈祷合二为一。

把死亡当作由"科学性偶然"造成的结果，与将死亡视作命运安排的唯心式思考，通过祈祷融合为一体。祈祷仪式，既能克服偶然，又改变了命运。

因偶然爆发而创生的浩瀚宇宙，又因为偶然造就了其运行的秩序，而在这套秩序中，更因偶然诞生了人类的生命机制，最终促成了人类意识的形成。应该说，意识是在宇宙中产生的另一个宇宙，即"某一个体所拥有的世界观"。不管宇宙如何运行，人类如何思考，都有一个"小宇宙"围绕人类自身持续运转。

"今天是个适合死亡的日子"，虽说我无论如何都难以企及这句话所昭示的心境，做不到将自己的生死视作自然秩序的一部分，但我依然认为，这种意识是把偶然和命运（即必然）当作本质相同的概念去理解的、至高的心灵境界。

# 渐渐地，我看清了死亡的本质
2007.04.15

渐渐地，我看清了死亡的本质。所谓死，究竟是怎么回事？我觉得自己终于有了点儿眉目。

从前，我一直认为宇宙与自然是同一回事，后来据说并非如此。自然是一个可供生命体生息的世界。宇宙是由原子构成的世界。并且，死亡似乎是从自然向宇宙的回归。

这么说可能会有点儿冒失，但我觉得厘清这一点十分重要。

英语里的"nature"一词，意为"自然"，但它跟我在此处提到的"自然"还是稍有区别。西方的 nature，是指"事物未经人为加工的本性"；对日本人来说，却通常意味着"围绕在人类周围的生命大环境"，而并非指"事物最初的原态"。两者之间，具有相当大的差异。

抚过脸颊的清风，流淌的河水，冒出新芽的树木……都属于自然。在日本人看来，自己也是自然的一部分。包含了形形色色生物活动的这个世界，本身就是自然。当然，地球上既有矿物，又有水和空气之类的物质。它们都是生物生存不可或缺的条件。

一旦开始思索生命，心里着实会感到不可思议。假如停止了呼吸，人便会轻易死去。受伤之后，只要流光了血，人也会死。小小的心脏，停止了跳动，人还会死。原本还在说话交谈的活人，一下子就失去了意识，然后肉体腐烂，被微生物啃噬，或风干为齑粉，四散飞扬在空气里。总之,最终都会化为原子回归宇宙。死亡,就是自此世消失。作为一种天性复杂、常怀烦忧与喜乐的生物——人类,其拥有的自我意识,在死亡的时间节点上也悉数消散而去。

仅仅是发生了一点点变化,但对人类来说,死意味着生命就此终结。肉体的死尚且容易理解,然而,死后就连关于"自我"的意识也不复存在了,此时此地的"自己"也一并从这个世界消失了,实在是件难以接受的事。

据说生命最初诞生于海洋,是某次偶然的催化造就了它。这次偶然的催化也造就了知晓"我是谁",且苦苦思考如何度过一生的人类。与此同时,生命赖以存在的地球环境本身也是宇宙中某一次偶然所缔造的。属于地球环境一部分的海洋,不仅孕育了生命,而且离开水,所有的生命都将迎接死亡。断绝了空气,几乎一切生命都无法存续。切断了光照,亦会如此。即使存在某些不接受光照也能够存活的动植物,那也是因为它们依赖或寄生于其他凭借阳光而活的生物。

断绝了空气,就没有生命;断绝了水,就没有生命。这是理所当然的常识。这也意味着,地球环境的所有组成部分都如同生物那样彼此相连,结合成统一的生命共同体。并非生物存在于地球之上,而是生物与地球结为一个整体,它们共同构成了生命现象。

所谓自然,是指一切生命现象的大融合,无法将任何部分切割分离,必须将它们视为一个整体。自然,意味着生物法则本身。

如此想来,你会发现,对宇宙和自然也同样不能割裂地去理解。作为生物法则的自然,诞生在宇宙中纯属奇迹;因此,失去生命的生命体,便会倏地一下被逐出这个奇迹的领域。自然,是在宇宙之中形成的、漂浮于其内的"奇迹之域",在由原子构成的广阔宇宙里,它微小得如同一个几乎不可见的点。至今人类尚未在地球之外寻觅到另一个形如"自然"的生命之域。即使从统计学的角度看,这种生命之域有存在的可能性,但也是概率极微的"必然中的偶然",也就是奇迹。在这个本身就是奇迹的星球上,即生命之域里,接连不断地涌现出生命。一方面有生命在繁殖,另一方面也有生命在逐渐消逝。一个又一个人死去了,一棵又一棵树枯萎了,自然这个巨大的奇迹之域,不断地使它周边的一切都依照宇宙法则回归为原子。

瞬息万变的宇宙中,在某一个刹那诞生了"作为奇迹的生命形式,以及与生命一体共存的自然"。这便是我们人类栖居的世界。同时在此处,人类开始萌生关于自我的意识。人类身上形成的这种意识,大概是在生命诞生的奇迹之上产生的另一个奇迹吧。为此,我们才对死亡抱以恐惧,并去思考死后世界的面目。

人类会对生命加以探索,思考宇宙的构造与机制。人类对于自身与自然一体相连、休戚相生这一点,经常会生出各种否定之念,在自然的结构中,造就另一个内在的自然,即人们内心的小宇宙。它让我们忘掉了自己和自然之间的一体感,反抗着宇宙的法则,执着于活着本身,恐惧死亡的到来。这一切,皆是人类意识造成的。

其实,死倒也没有多么可怕,不过是一种意识的丧失,就如同被注射了麻醉剂。失去了意识即为死亡，仅剩肉体靠物理手段维持着新陈代谢，难以称得上是"活着"。所以，死去之人没有痛苦，只是生者失去了他而已。从这个意义上来看，死大概是一件别人的事情。

无论他人的死是偶然还是命运，留给我们的也唯有祈祷而已。活着的一方，忍受着死者离去之后的寂寞，死去的一方，却浑然不觉。

生命本身是一个奇迹。我们所能做的，大概只有感谢这个奇迹，珍惜先去一步的人留在世间的余韵，并为他们祈祷祝福而已。

## 广泛涉猎各种领域，在力所能及的范围内，组建小规模团队展开创作

2007.05.14

我创立设计工作室已将近40年了。在此期间，我下定决心，保持着不超出10人规模的小团队运营模式。即使在泡沫经济时代，工作量饱和，我也死守着这条原则。某位前辈曾说："你这样做，以后会很寂寞的。"的确如他所言，我饱尝了寂寞的滋味。无论怎么维持，工作伙伴都来来去去，有人辞职，有人加入，仿佛在大学里那种感觉。如果是大公司，员工会在组织内部不断晋升，由课长变部长，部长再变社长、董事长……一直干到退休。然而，若把公司规模限定在10人左右，即使过了许多年，也不会有几个部下。有升职意愿的人，便会一个接一个辞职而去。"又要告别了吗"，我一边祝福着起身离去的年轻人，一边忍受着寂寞的感觉。

我与团队成员的年龄差越来越大。如今，他们跟我的孩子年龄相仿。我也有一种身为父辈的心情，对他们时而批评，时而激励，不会再像从前那样与员工同起同坐、打成一片。不是不肯，是不能。只要有我在场，他们就会神经紧张，但这也理所当然。不管怎么说，跟父亲相处，心里总会微微绷着根弦。

尽管如此，我还是迈出了扩大事业规模这一步。不，与其说是扩大，不如说是扩散。从传统建筑到工业化建筑，再到产品设计、室内装潢、家居设计，我都全神贯注做了下来。其间，还创立了一

家网络公司（www.designtope.net），设立了物学研究会并主导其运营，甚至还担任过大学讲师，以及研究生院的教授。最终，我又创办了一家公司，即K株式会社，专门制造和销售自己设计或由自己喜欢的设计师经手设计的产品。

在这个过程中，我提出了一个"物学"的概念，主张无论是建筑、产品，还是城市，在根本设计理念方面其实都一样。所谓建筑，就如同设计、雕刻或绘画等一切艺术形式的母体。我认为，这些艺术门类都是从建筑脱胎出来的，而且它们之间具有等价性。

我一直提倡：不该以组织或团队的形式，将各个领域的专家汇聚在一处，让他们之间进行协作，而是在自我之内，将所有门类的知识融会贯通，将设计之手伸向所有领域。只有主张等价性，在自我深处方能达成各方面的统一和融合。

就这样一路走来，我始终秉持着这种态度做事业，广泛涉猎各个领域，在能力所及的范围内，组织小规模团队展开创作，直至今日。

我想，在某种意义上，这也可称为"匠人精神"吧。

## 简洁明了，
## 创办以自己名字的首字母大写命名的公司

2007.05.16

我创办了以自己名字的首字母大写"K"来命名的公司。它简洁明了，可以说涵盖了我工作的方方面面。

设计，是为了制作物品而从事的工作。说来简单，实现的过程却无比艰难。设计师是以"物"为媒介来进行表达的"专业叙述者"，是小说家，是哲学家，单凭速写、图纸、模型，是无法传达其理念的。

一般来说，设计师在接受企业委托的条件下从事设计，即使在这个过程中方案被迫做出种种变更，最终也总能够做出成品。就算成品与自己的初衷比较起来，"感觉哪里不对啊……"但是终归制作出来了，打个比方，就像歌手好歹把歌唱完了。

然而我的情况却不一样。很长一段时期内，我接受企业委托设计的项目并不太多，主要是延续着"设计自己构想中的物品，再寻找企业将其产品化，完成制作并销售"这样的运作模式。

这种做法始于公司创立之初。因为将公司命名为"黑川雅之建筑设计事务所"，所以很少接到产品设计方面的委托。其间，我发现与受人委托做设计相比，设计自己喜欢的东西更有意思，便将这样的模式延续下来。因此，我的设计费基本上不是一次性计酬的单笔收入，而是针对设计创意收取的专利费、版权费，即根据实际销售金额结算设计费用。这样一来，就比较具有合理性——假若产品大卖，设计费便水涨船高；产品卖不动的话，也就别去指望那一点点微薄的收入了。

在这种模式之下，就不是任何设计构思都能变成现实的。有些方案和想法，至今还堆在我的抽屉里。

早在三十多年前，时尚界的设计师就像三宅一生那样，自己创立品牌，自己经营销售，这已成为一种普遍且理所当然的模式。因此我一直觉得，产品设计应该也可以走这条路。现在看来终于有望实现了。曾经举步维艰的最大原因是，产品设计师很难同时既做制造方，又做销售方。另外，我想产品设计师无法像时尚设计师那样，以每年数次的频率举办新品发布会，而唯有年年都搞新品发布，客户才会频繁光顾。

如今，我建立了能够解决以上问题的运营机制。且通过努力，终于创办了公司"K"。

我创建的"K系统"是一个综合性机构，其组织结构包括："K设计"所代表的设计与监制业务板块，K株式会社所承担的制造与销售业务板块，负责信息调查的"Design top"部门，以及与业界交流的物学研究所。

# 为了摆脱代工模式，
# 需要崭新的产品制造组织结构
2007.05.18

OEM 是 Original Equipment Manufacturing 的简称，意指"替品牌客户进行商品代加工"（即代工）。如今，多数厂家都承接这方面的业务。

从事产品制造的企业，首先会预测市场需求，然后组织加工生产，并将成品贩卖给小零售店。这种以制造为中心的作业模式，会将关注点和资金集中在链条上游的"预测与策划"环节，难免疏忽下游的"营销与销售"。

如果有善于预测时代趋势，预知消费者需求，并且兼具营销与销售能力的企业，也就是说，如果有"能够兼顾上下游所有业务环节"的企业出现，那些体制陈旧的厂家就会被剥夺行业主导权。在这个需要掌握更多消费者和媒体信息的时代，单凭制造技术本身，企业是无法生存下去的。兼具策划、营销、销售多种能力的下游企业，有时也会将制作环节委托给上游的制造类企业，但因后者无法直接与消费者接触，所以往往也不得不依赖于前者的综合能力。

如此一来，具备产品制造上下游全部业务功能的企业，就作为"没有厂房的厂家"而相继登场。以进口高档家具代理商起家的家居设计公司 Cassina Ixc. 和 Arflex，开创高端日常杂货品牌"无印良品"的良品计划株式会社，以及旗下拥有 Francfranc 时尚生活家居品牌的 BALS 株式会社，都属于这种类型的企业。它们都是制造商，拥有自己的代表性品牌，却没有工厂。

在这个风云变幻的时代，拥有固定商品品牌的同时，还拥有制造设备，从经营策略来看并不划算。只要有了品牌与顾客，制造技术和设备可以通过向其他厂家下订单的方式寻求解决方案，自己不必建造工厂，遵循代工模式即可。

对于品牌公司而言，代工模式就是选择"能以低廉的成本，制造性能优秀的产品"的工厂，向它们下单订制。因此，拥有技术与设备的厂家必须加强自身的竞争力。其结果是，那些瞄准了"廉价制造"的品牌商，会有意选择比较控制和压缩人工费的中国企业进行代工合作。

这是顺应时代趋势的举措。但如此一来，日本的制造业就会萎缩和衰落，容易陷入价格竞争之中，无力发展技术并培养将全部精力投注于产品制造本身的专业人才。拥有制造技术的企业主导产品链上下游的时代将告终结，产品链上下游公司主宰技术厂家的时代将来临。这样的时代，必然导致"以产品为中心"的行业精神全面荒废。

为了从"替品牌客户进行商品代加工"的代工模式中摆脱出来，就必须创立崭新的产品制造组织结构。我想，只有上下游公司和制造企业扩大合作规模这一个解决办法。即硬件企业（拥有制造技术和设备的厂家）与软件企业（具备策划、宣传和销售能力的公司）联盟，在各自擅长的环节与技术上各展其才，协调发展。

我创办的公司"K"，正是以此为目标的。

# 设计师也要"做东西"
2007.05.21

设计师若能把自己的构思完整地实现,那可真是件开心的事。平素那些落在纸面上的想法和灵感即使再高妙,假如没人理解,最终也依然无法实现。

当然,即使企业已经决定要把你的设计变为商品,也必定是在其能力范围之内,考虑市场、销售方、投资额等环节和因素,才能制定具体的产品化策略,因此风险系数自然很大,就算我对自己拿出的设计再有自信,至于能否实现最终依然取决于企业。

最好的办法是自己动手制作产品。能做到这一点的,只有匠人。所谓匠人,就是"自己设计,自己制作"的手艺人。为了做到这一点,油漆工、木匠们都有自己特别选定的原材料,以及运用、加工它们的技艺。唯有选定了原材料,划定了技术范围,才可称得上是匠人。

然而,现代设计师却跟传统匠人的境况不同。他们既无原材料,又没有掌握制造技术,却能洞悉生活中产品实际使用者的喜好和需求。然后,在此之上,还要对现代制造领域使用的各种材料、技术及流通机制有一个大概的了解。

因此,要想成为像匠人那样"一边设计,一边制作"的人,单凭一己之力是不可能办到的,然而,如果不是"一边设计,一边制作",又无法造出真正的好东西。既然如此,就只有成立一个"具有匠人功能的组织"才行。我创办的公司"K",就是这样一个组织,目的就是让设计师也能"做东西"。

"K"作为一个专门"做东西"的企业,十分看重与制作厂家的关系。对"K"来说,制作厂家就像自己身体的一部分。

"K"的组织基础在于,"K"与厂家之间基本上是一种联盟关系。所谓联盟,即两者就像双胞胎,一体共生,与代工模式具有本质区别。代工模式是只要对方有技术力量且成本低廉,与任何厂家都可以合作。品牌方和设计方会尽量寻找成本更低廉的厂方缔结联盟。因此,这只能称为某种程度的"协作",谈不上是"联盟"。

"K"与联盟厂家之间的关系基本上是永续性的,不会以成本高昂为由解除合作、更换伙伴,去委托造价更低廉的厂家。我们允许联盟厂家注资,甚至出任"K"的董事。如此一来,双方便彻底缔结为利益共同体。当有必要降低生产成本时,由联盟厂家自行通过代工模式,向造价更低的其他厂家下委托单即可。

"K"不能在设计阶段就为降低产品成本做考虑,竞争原理在这里是行不通的。但是,这样做也有可能导致"K"在依靠价格竞争方能立足的市场里难以存活下去,因此必须在"以质取胜的市场"里寻找生存空间。比起追求降低成本,倒不如多考虑把精力投注到提升质量方面。

这样一来,"K"旗下的产品必将成为"高价商品",然后顺应趋势造出"即使价高也能畅销的优品",也就是说,只生产"值得高价出售"的顶尖精品。因此,商品本身必须具有"传播价值"

(故事性),我们必须完成自身的品牌建设。树立品牌,不是制造者单方面所能决定的问题,还涉及大众的喜好与需求。所谓品牌化,并非简单的事。

"K"与联盟企业必须从根本上建立信赖关系。当然,"K"与多家联盟企业同时保持合作,而联盟企业在"K"之外也会有其他合作方。但重要的一点是,"K"与制作厂家保持结盟关系。

有了业务结盟的企业,大家将各司其职。"K"承担软件部分,联盟厂家则负责硬件。在产品制造流程中,即"市场调研→策划→设计→建模→试做→制造→库存→营销→销售→售后保障"的系列环节里,处于链条上游的市场调研、策划、设计,与下游的营销、销售、售后保障部分,均由"K"承担。位于中间的建模、试做、制造、库存,以及流程中未曾反映出来的配送环节,则由联盟厂家负责。

说得直白一点,"K"只处理信息,联盟企业只处理产品。所谓信息,包括商品信息(广告宣传)、顾客信息(需求与喜好)、技术情报、设计理念、订单的下达与承接。所谓产品,即是凝聚了理念、技术等一切因素的集合体。也就是说,"K"负责打理商品的软件层面,商品的硬件层面则由联盟企业来承担。

这种联盟关系的结成,证明了合作厂家对我的深厚信赖。仅凭这一点,我也不可以失败,与各承制厂家合作开发的商品,必须获得市场的接纳与欢迎。

这种结盟关系背后,包含着一份我对职业匠人的憧憬与尊敬。

# 对匠人的感受力心怀憧憬，却求而不得
2007.05.30

如今说到"做东西"，都是制造商在从事此业；而在过去，"做东西的行家"指的却是匠人。所谓做东西，就是对原材料进行加工。所以，匠人们时常会和原材料进行"对话交流"，去了解它们的"心情和想法"。然后，在加工的过程中，逐渐培养对原材料的感情，以及与原材料"心心相连、息息相通"的一体感。

原材料属于我们身边自然的一部分。与原材料建立对话，意味着与自然展开交流。人类也是自然的一部分，因此，所谓匠人，就是领会到自身与自然的一体感，从而去和原材料对话的人。

设计师的不足之处，在于从专业技能上很难和原材料达成一体感。日本人从不把自然当作"对象"去理解。西方人却会站在自我的角度，将自然当作对象加以观察和审视，将其加工处理成适合自己的模样，由此科学应运而生。而与自然抱有一体感的日本人却很难这么做。日本人总会考虑"尽量不通过加工来制作物品"，因此和服、料理、住宅等多半会以"减少人为加工痕迹"的方式去制作建造。

从事设计工作的我们，总会羡慕匠人的高超感受力，却又求而不得。已故家居设计师仓俣使朗先生是我的挚交，有一次，我受邀参加他工作室成立几周年的纪念派对。到那里一看，出席的设计师仅有平素交情不错的零星几个人而已，其他的受邀者基本上都是职业匠人。致辞环节开始后，那些匠人们手拿麦克风，纷纷表示"仓俣先生是个难搞的设计师，以后再也不想接他派的活儿了"。庆祝周年的贺词，变成了大家众口一词来吐苦水，抱怨与要求严苛的仓俣先生一起做事，感觉太痛苦了。

即使被大家如此吐槽，仓俣先生也始终笑眯眯的。从匠人们的神情中，能窥见他们对仓俣先生发自内心的爱戴。他们嘴上说着"招架不住啦！干不下去啦"，可实际上，对仓俣先生委托的工作却欢迎之至。

匠人就是这样一群"口是心非"的人。仓俣先生自己在刚成为设计师时，第一步就是在家具店以匠人身份研习，用身体去感受和把握各种原材料的质地属性，然后才作为设计师出道。仓俣先生的设计散发出一种不可思议的气场：冷光迫人，清绝脱俗。

如今，我已不可能像仓俣先生那样去研习技艺。活到这个年纪，想学也来不及了。不过，此时此刻，对于那些通过和原材料深入对话去制作产品的匠人，我是越发感到钦羡了。

我创办的公司"K"，便以对匠人的敬佩之情为根基，采取了先设计、制作，再交由商家投放市场的运营机制。自从这个公司成立，我才第一次做到"在离制作现场最近的地方从事设计，在离销售者和使用者最近的地方进行思考，并完成构想"。

即使与职业匠人或厂家联盟，我也不敢有丝毫懈怠。我跟他们是搭档，今后也会一直携手工作下去。

对于我来说，这种结盟是凭着对匠人的敬慕与憧憬建立起来的。

# 设计师要成为产品的监制
2007.06.25

　　做东西本来是出于对物的需求而去描绘它的形貌，再通过各种加工手段把它制造出来。而如今，大多数设计师只能够做到"描绘"而已。

　　他们错误地认为，依照市场的需求去设计产品是一件理由充分且正确的事，所以画设计图的时候并不思考这样能否做出真正的好东西。但我们应当意识到，"这样做太危险了！'市场'这种东西到底该上哪儿去找？不好好弄明白这些问题，最终满足的可能就不是实际使用者，而是不知道什么人的需求"。

　　就算设计师用心去描绘了，但最终产品能否依照设计图完整精确地呈现出来，实在是个未知数。设计方案会根据企业内部的意见再三修改。项目部长的意见之后，还有社长的意见、零售店的意见等，在这些意见的掣肘下，设计方案将被一再推翻和打乱。

　　设计师实在很难参与到产品制作的核心环节中去。设计的产品是否能满足真实的用户需求？设计师是否拿出了周密的设计图？制造厂家是否按照图纸毫无差错地将产品制作了出来？这一系列环节中都存在风险。

　　我在过去的几十年间，比起接受企业的委托，更着重于描绘和提出"自己想要的东西"。我把设计方案附上调研报告，做成项目策划书，拿去向企业提案。因为设计并非受人之托，所以可以充分发挥个人能动性。不过，从向企业提案，到设计最终实现，其中的阻碍却相当多。这并不是说企业方太糟糕，而是在"描绘"和"制造"这两个环节之间存在衔接不良的问题。

由于制造和销售两者紧密相关，在对设计、制造、销售各环节做出综合评估之后，原有的策划案多半会被毙掉。简单来说，原因就是"不这样设计就会不好卖"，或者"不这样修改，商品就会因价格过高而卖不出去"。

或许应该换个说法：所谓做东西，是指发现需求、描绘、制作、销售的一系列过程。产品由生产者交到消费者手上之前所需做的工作，都应该称为"做东西"。

究竟是否存在这样一个角色，他能够统筹产品制作的全部流程，并为之承担起所有责任？事实上，设计师原本应该成为这个负全责的人，但现今的产品生产机制却并非如此。当中或许存在各种各样的理由，但最大的理由却在于设计师自身，因为他们为产品制作的每一环节负起全责的意识过于淡薄，而要承担责任，又必须具备相应的能力，这些能力包括将大众的需求当作自己的需求去把握的能力；理解大众的购买动机和营销机制，对其进行相关策划的能力；一方面调控价格，一方面理解生产者的技术与精神，最终完成商品开发的能力。

当然，要求一位设计师同时具备上述所有能力是十分苛刻的。更重要的是，还需有人具备对上述这群人进行监督和管理的才能。

大众是无法做到这一点的，生产技术人员也不可能办到。实际上，销售领域倒是出现了许多具有这方面才能的人，可仅仅依照他们的做法，很有可能导致"专注于产品本身"的行业精神丧失。在追求"更具竞争力的制造成本"的价格战中，产品的灵魂将不复存在。因此，了解大众的心声，保持属于生产者或职业匠人的专业精神，同时还能理解销售方的立场和需求，这样的人可以说非设计师莫属。

从回应社会需求的角度来看，设计师应当成为生产制造的督导。而建筑师根据其职责来看，他们有部分的监督义务，要从平日做起，思考建筑物与街道对于生活其间的人们来说该是怎样的面貌；去实际接触大众（建筑物的主人），直接询问他们的欲求。在此基础上，建筑师才能真正成为"了解生产技术的技术人士"。如果是公共建筑或私人建筑，竣工之后便可以直接交付了，但在设计公寓之类需要出售的商品房时，建筑师就需要多方询问有关人士的意见。总而言之，建筑师也可以成为生产制造方面的督导。

面对产品设计方面存在的种种欠缺，人们正在寻求问题的突破口与解决方式。或许只有在解决上述问题后，文化性与产业性达成一致的产品制造才可能实现。

# 思考"死",便会更加珍惜"生"
2007.07.04

在宇宙的某处还存在其他有生命栖居的星球吗?有些人一直在用心地寻找答案。他们认为,在这浩瀚无垠的宇宙中,无论如何也不可能只有地球上存在生命。话虽如此,可谁都没有发现第二颗像地球这样的星球。为什么只在地球上才有生命存活呢?

和广阔的宇宙相比,在好似米粒大的小小星球上,不知为何竟有生命萌芽,且诞生了人类这个物种。他们拥有意识,不仅活着,还会追问人究竟是什么,针对自身进行种种思考,会去爱他人,总是抱持着对死亡的恐惧而生活。

栖居在这颗星球上,当你环顾四周,会发现到处都是相同的人,树枝在风中摇曳,阳光明亮,感觉一切都不足为奇。人们总是忘记这颗星球的存在,以及星球之外巨大浩渺的宇宙到底为何物。

宇宙是一个由原子构成的世界。没有空气,没有水,是拒绝一切生命体存活的空间。希望大家记住,离开我们渺小的地球,哪怕只是稍稍走出一点点,外面便是无法想象的死界。正如我方才所说,那是原子的世界。

为什么在这死寂的空间里,会出现一个"生命的星球"呢?这是宇宙的奇迹,而我们恰好就生活在这颗奇迹的星球上,彼此争斗,互相关爱。就连人类的生命本身亦是奇迹,微不足道的一次偶然造就了生命,另一次偶然诞生了人类。

地球形成至今所经历的时间,与漫长的宇宙时间相比只是极其短暂的一瞬。不止我们自己的人生是短短的一瞬,就连地球的存在,从永恒的宇宙时间的角度来看,也仅为刹那。宇宙尽头一颗小小的星球,栖居其上的渺小生命,他们一瞬而逝的存在时间……如此想来,地球、生命都只能用奇迹来形容。

死的世界、原子的世界,以及其中偶然出现的生命,这一切或许都是宇宙法则在统摄吧。宇宙的法则,包含着所有的偶然和奇迹。

直到前一刻还好端端的朋友突然去世了。面对这噩耗,我遭受了巨大的触动。虽说未曾亲眼见到朋友的遗体,但生命已告终结的人留下的身躯,应该很难从中感受到一丝一毫其人生时的风貌了吧。失去生命的躯壳,不过是一具原子的集合体而已。灵魂逸出肉体之后去了哪里呢?想来必定是在我们生者的体内吧?然而,死者的躯体会腐烂,或被焚烧,最终融入一片原子的汪洋,其尽头是深邃的宇宙。死亡,便是从生命的奇迹中遁出,回归到原子构成的宇宙空间。

奇迹之星——地球,生息繁衍着人类,以及形形色色的物种。直至最近,我才终于明白了一件事:地球上的生物,虽各自拥有不同的躯体,但彼此之间却紧紧相连、息息相关,构成了一个巨大的生命共同体。

树木的枝叶飘零、腐败后滋养了大地,而肥沃的土地又孕育了万物。雨水落下，土地中的微生物随水流涌入大海，养育了海里的浮游植物。浮游植物又喂养了浮游生物。然后，浮游生物喂养了小鱼，小鱼又喂养了大鱼……最后，它们变成陆地上草食动物与肉食动物的食粮。而人类，则靠捕食一切动植物而繁衍。地球上所有的生物构成了一个循环的链条，仿佛一个生命共同体，彼此相连。

自然就是生命繁衍之星——地球。美丽的自然事物，人类讴歌的大地、森林、海洋、生物，以及拂过树林的风、水流、普照万物的太阳，所有这一切都是地球上的风景。所谓自然，就是地球上的万事万物，它也意味着生命本身。

然而，地球之外的宇宙却没有生命，是死之世界，由原子构成。知道了这些，也就理解了死亡的面目。人活着时属于地球，而死后就成为宇宙的一部分。

死是从生命世界向死亡世界的回归，不是"前往"而是"归去"。

艺术家从事创作，其作品有时会因创作者死亡而永远留存。虽然他的生命早已不在，作品却长存世间。作品便是艺术家曾经生活于世的"痕迹"。所有的人在人生终结之时，都会在这颗星球上留下自身的痕迹，之后才回归宇宙。

出于偶然的机会，我们获得了奇迹般的生命。我们彼此争斗，互相关爱，度过寻常人生中的每个日子，其间发生的每件小事，都建立在生命本身的奇迹之上。我们该如何珍惜自己的生命，热爱这个奇迹，从而度过一生呢？答案是：去思考"死"，便会更加珍惜"生"。

# 我做了一只镶金箔的盘子
2008.01.21

我做了一只镶金箔的盘子。虽说是件餐具,但不过是在榉木制成的胚子外面镶了一层金箔的漆器,究竟耐不耐用,暂且不得而知。

金箔实在是美。设计风格上一向走"性冷淡"路线的我,若不是偶然接触到金箔,是绝对想不到用这东西来制作盘子的。它着实美得不可思议。与它邂逅,令我痴迷,就如同与女人的相遇。

金箔无论怎么看都是种富丽奢华的材料,一贯崇尚简洁的我,对其总抱以否定的态度。况且毕竟这层金箔,只能点缀于物体表面,难免有虚饰之嫌。然而如今,我竟对它迷恋到欲罢不能,还真是匪夷所思。

2007年5月,我游访维也纳,观摩了许多古斯塔夫·克里姆特[①]的作品。其中许多作品对金箔的使用,与我想象中的感觉不谋而合。同年夏天,在马达加斯加旅行途中,我又顺道走访了曼谷,观看了金色的寺庙。那里对金色的运用也和我制作的金箔盘如出一辙。

金箔的屏风在一片幽昧沉寂之中,散发出静谧的光泽,谷崎润

---

① 古斯塔夫·克里姆特(Gustav Klimt,1862—1918):奥地利表现主义画家,维也纳分离派创立者。作品具有镶嵌画风格,大量使用金箔装饰。

一郎在他的《阴翳礼赞》中，对此有过细致的形容。我从文字里领略到的金色印象——那种隐匿在阴翳深处的华丽光泽，也与我的金箔盘毫无二致。

《妇人画报》曾策划过一期专访，叫作"前卫的饮茶"，拍摄取材的时候，有一个我向檀芙美①女士敬茶的场景。大约在2005年，纽约市举办过一次"日本新茶道展"，当时展出了我制作的茶道桌，取名为"萤"。于是，这次拍摄便将我的金箔盘作为盛放果品的器皿，与"萤"一起用在了敬茶的场面中。"萤"这件作品，是将透光的日式纸拉门翻转过来制成家具，并在内侧设置光源，使茶道桌自身仿佛成为一件照明器具。我在构思时，参考的便是"阴翳"的意象。在"萤"的和纸桌面上，摆放着金箔盘，令人联想到谷崎润一郎笔下，一片阴翳之中见到金屏风时的景象。檀芙美女士的风情，与"萤"和金箔盘互相映衬，可谓美得相得益彰。

阴翳必将绽放出华美，生与死也该轰轰烈烈为好。生命自当缤纷而丰饶，人生也离不开锦上添花的瑰丽。暗夜的深处必然蕴藏着生命的辉煌。

我对这只金箔盘格外满意。

---

① 檀芙美（Dan Fumi，1954— ）：日本著名女演员、配音演员、主持人、散文家。作家檀一雄之女，其兄为散文家檀太郎。

# 做东西，其实是"还原气息"
2008.02.05

　　柿谷诚先生是一位家具制作家。很早以前，我曾拜访过他。他在富山县高冈市的森林里有一间木工坊，还与从事布艺拼贴的妻子联手打造了一座朴素优美的建筑，并在那里展示自己的作品。柿谷先生这个人，与其称他为"制作家"，倒不如说他有一颗"匠人之心"。我恰恰喜欢他这一点。他虽隐居林间，但对现代人的生活与情感并不生疏，那份对世事深切的洞察与把握令人赞叹。从他居住的林间走到山谷，有一汪温泉，入浴其中，感觉如同置身世外桃源。正是这样的环境造就了他的心境。

　　这夫妇二人如今已经不在人世。我甚至在想，莫非他们当真不属于这红尘俗世？当年带我去拜访他们的金子隆亮先生也早已辞世。与之相关的过往，已化为记忆的碎片，犹如梦境漂浮在脑海的一隅。真想再去那里一次。

　　最近，我见到柿谷先生当年的徒弟。他已从家具匠人转行做了荞麦面师傅。但是他仍在制作家具，太太也常在荞麦面店隔壁的艺廊举办一些陶艺展览，那里曾经展出过陶艺家长谷川奈津的作品。长谷川先生以淡然的平常心在不经意间制作的陶器，看似质朴寻常，却别具一格，勾动了我的占有欲，让我情不自禁买了下来。自那以后，我每天都用买来的陶器喝茶。虽说它们不是抹茶专用器具，但我偏偏觉得这样更有意趣。

荞麦面店名为"荞文",位于高冈市下岛町,无论是店内环境,还是荞麦面的味道都堪称不俗。当时与我结伴前往的,皆是与柿谷夫妇、金子先生,以及荞麦面店主金井武文先生等相交多年的亲密挚友。这样的会面竟让我有种故人知交全部陪伴在场、相聚一堂的感觉。

荞麦面店的建筑由滨田修先生设计,室内家具则由望月勤先生设计,金井先生本人负责制作。他们和每一种原材料认真对话,深入沟通,无论柱、梁、门、地板……每一部分都倾注了心力去打造。设计师终归是针对"人"展开思考,面向"人"进行制作的,因此他们既可以观察到经济趋势,又能够把握时代的动向。然而,匠人只是就原材料本身进行思考。所谓原材料,是木头,是土石,而木头、土石又来自地球,来自宇宙。匠人们面对原材料展开工作,在这个过程中可以洞见宇宙的真谛,因而便也能理解人与世事吧。

我自己也是一名建筑师,可仔细想来,却发现自己的活动涵盖了各个领域。我还自称"东京达·芬奇",因为从产品、家饰到工业建筑都有涉及。匠人金井先生也一样,不仅造房子,做家具,甚至还做起了荞麦面。

最近我一直在想:所谓做东西,归根结底,就是针对某物的本质进行深层的探究,去捕捉、还原它渗透出来的"气息"。因此,物的实体只是一种外部和表面的形态,是建筑也好,荞麦面、陶器也罢,背后的原理其实都一样。

我在"荞文"不仅品尝了用上好食材擀制出来的荞麦面,还充分领略了它们散发的"气息"。肉汤面、鸭肉面都十分美味。刚到"荞文"时,地上还积有残雪,从窗子望去,可以看到白色的地面;而回程时,天空已放晴,雪亦消融。

就这样,我生活在宇宙的一隅,目送着许多朋友去往那个原子的世界,而后与他们留下的"气息"相伴度日。

感谢他们。

# "杂"之中包含的混沌性
**2008.05.29**

我创办的公司"K",经手的商品可以统称为"杂货"。这个词始终无法在英语中找到完全对应的表达。然而,它在日语中所蕴含的微妙语义却令人玩味。说起"杂"来,着实有趣。

杂音、杂货、杂学、杂感、杂记、杂居、杂鱼、杂布、杂菌、杂件、杂言、杂粮、杂婚、杂志、杂事、杂煮、杂种、杂食、杂炊、杂草、杂多、杂题、杂谈、杂沓、杂念、杂囊、杂费、杂兵、杂务、杂木、杂役、杂用、杂录……"杂"之中包含着某种"混沌无序",这种混沌性才最趣味无穷。

杂交犬不易得病。在所有的媒体中,据说杂志提供的信息最及时新鲜。像杂巾抹布一样的男人尤为强大,事事在行,样样拿手。杂鱼总被轻视,但自有它们傲人的美味。杂学虽为某些人所不屑,却也被奉作文化的珍宝。杂炊中无论放入什么食材,都能烹煮出独具个性的美味。总而言之,它们既被看轻,又受重视,处于一片模糊无序的混沌状态。它们蕴含的可贵能量,谁都不能否认。这样的一种存在,即为"杂",也便是"杂货"。

"K"主要经营杂货,不包含家具。话虽如此,旗下还是有几个类似家具的品牌,例如:"T-FRAME"和"METAPH"。

这两个品牌,我统称为"仿家具"。它们不像传统家具那样豪华、气派、庄重,却有拆卸自如、随意变形重组的优势。无论哪个部分，都易于装配，易于拆解。两个品牌都以金属为主要制作材料，也都具有"分量轻""体积小"的特点。因其轻巧灵活，组装步骤也十分简易轻省。

很久以前，我就觉得传统家具过于庞大笨重、占据空间，考虑能否制造一些体格小巧，甚至"称不上是家具的家具"。于是，"约翰和玛丽"便诞生了，它是一种座席直径仅 20 厘米，却容得下肥壮人士的座椅。这其中的原因在于，即使体格再肥壮，人的坐骨大致也能容纳在 20 厘米宽的空间当中。

我希望在"K"经营的商品门类中，增添更多的"仿家具"。这种形式的家具可以适配其他任何家具品牌。它们就如同一支游击队，潜伏并融入所有家居物品之中。

## 断然拒绝登上顶点之后，便不断衰退下滑的人生

2008.06.12

我不愿人生如一条抛物线，登上顶点之后，便渐渐衰退下滑——我断然拒绝度过这样的一生。我要尽情尽兴地去活，而后再倏然消失。

我认为活着这件事，必须有两股力量的支持。一股是努力，一股是梦想。努力，在背后推动我们进步；梦想，则在前方指引我们。

人生就是凭着"推"和"拉"这两股力量而一往直前。

# 个人意识的觉醒，才是环保的起点
2008.06.16

没有社会意识，保护环境则无法实现。凡事只考虑自己的人不会产生环保意识。我这样写着，耳边似乎都能听到"对啊，对啊！"的附和声。

此话当然不假，但事实上，仅凭社会意识才真的无法做到环保。

我们果真能做到爱社会吗？果真能做到爱人类吗？我想对此抱有肯定想法的人说上一句："胡扯！"

请问有谁能紧紧去拥抱全人类？我只有自信去爱自己所能拥抱的单一且具体的某个人。而对于"人类"这种抽象的概念，即使口中称爱，也无非一种抽象的爱而已。爱社会也是同样的道理。

著名的"秋叶原无差别杀人事件"中，犯人作案时究竟出于怎样的动机，似乎不难理解。我想，在那名犯人眼中大概并不存在活生生的真实的"人"。他莫非已经看不到"人"了？

在他看来，是"社会对我抱有敌意"，或者是"社会不接纳我"吧？所谓的社会，原本不过是一种幻想，而他却认为社会是一种确切的存在，并感觉遭到了社会的背叛。

如果在他眼中，能看到一个个真实而具体的人，那样的惨祸便不会发生。将刀尖刺向社会，社会并不会流血；刺向人，人却会流血。况且，人的血有温度，而社会的机体里却并没有流淌着热血。

犯人眼中并没有"人"，他大概早已看不到"人"的存在。

保护环境也需从消除每一个人的辛劳和痛苦开始。人只有在了解到自身将因环境问题而受苦时，才会产生环保的想法。唯有个人意识的觉醒，才是环境保护的起点。我们必须做好对个体的教育，引导社会对个体的关注，让每个人都意识到自身以及身边他人的存在。

"魔鬼存在于细节之中"，以及"细节决定成败"这样的理念不只适用于设计。所谓社会，也潜藏在个人，即细节之中。"社会"之类的概念终究只是一种幻想。秋叶原事件恰恰起因于这份幻想。我们应当加深这样的认知：社会的改良与发展，在于对个人的培养。

# 物,是作品,是商品,是工具,也是环境
2008.06.18

实在有趣。自从成立了公司"K",我就处在止不住的兴奋状态之中。通过对生产制造的尝试,我渐渐领悟到设计更深层的含义。

"K"成立之初便以制作起步。由于自己无法成为一名匠人,我便考虑至少以"可替代匠人的系统化运营"为目标,建立一个专门从事生产制造的组织。于是,形形色色的作品应运而生。许多专业工匠及制作厂家给予我大力协助,所以我从不跟他们讨价还价,而是直接按照他们给出的报价,决定产品的成品价。

把做好的成品一件件摆放至陈列室之后,向使用者交付作品的工作终于开始了。此时,作品变成了商品,要基于成本价确定零售价及批发价。开始营业后,我们就不断撞上一个个难题。根据工匠的报价来进货,商品的零售价就居高不下,如此一来货品必然不好卖,便只能提高成本率。我们又通过调整批发价,试图降低零售价。以这种方式定下零售价,开始进行销售之后,就接二连三收到零售店"希望下调批发价"的请求。在这种情势下,"K"的收益率持续下跌。

"K"在创立之初,就决定要将 70% 的产品出口海外。然而,由于不断上涨的成本率,中间代理商的批发价也水涨船高,我们逐渐意识到,原来的目标——"将海外零售价至少保持在国内零售价的 150%"无法实现了。只按照国内设好的定价机械地乘以固定比率,

这样的价格构成，使产品出口海外之后就在销售过程中遭遇了巨大阻碍。顷刻之间，海外零售价便飙到国内零售价的 200%~300%，如此一来，将商品出口至海外便失去了盈利的可能。

由于原本的目标是将产品的 70% 出口海外，于是大件商品全部制成了可拆装的样式。在硬件设计方面，"K"有足够的自信，然而在价格的设置上，我们认识到自己做得实在不完善。

对于商品的运输、配送、市场销售等各环节，我们都做了周详考虑，商品型录、网上门店的说明，也都用英文书写得十分详细，甚至网店还配备了中文索引。对于商品的设计、营销策略等，我们也都做了细致的部署。然而，在价格设计上，我们却存在缺陷。

从作品，即商品诞生，再到交付于每个消费者手上，整个过程关系到众多人员。其间只有所有人都感到开心喜悦，"K"的开发项目才称得上成功。只要有一个人因此而痛苦，整个商品策划都将宣告失败。卖方若不能从中获取利润，从事销售的人就不复存在；制作方若为之承受折磨，就会停止生产。为使参与项目的所有人都心怀喜悦，就要求设计的方方面面都经得起考验。

商品是物品在销售环节时呈现的样态，作品是物品在设计师工作室内呈现的样态，工具是物品在大众使用时的存在形式，而气氛或环境是物品处在社会中具有的意义和造就的生态。

物，是作品，是商品，是工具，也是环境。我通过"K"，切身了解到物所具备的多种多样的含义。

# 何谓制作
2008.06.19

迄今为止，我从事的设计工作基本上都不属于接受委托的项目。我总是会产生"做点什么"的想法，然后努力通过制作去实现它。因此，我很少做自己不情愿的设计，而是努力探寻各种各样的可能性，去实现"想做的设计"和"想制作的产品"。事实上，的确实现了不少。不过，尚未实现、至今仍在斟酌和打磨的选题也不胜枚举。

制作涉及方方面面，并不局限于设计，也包括对组织、事件的筹划和把控。我管理之下的物学研究会、信息调查部门"Design top"，以及"K"，皆属于此列。去实现那些并非受人委托的构想，是我一贯的做法，因此可以说，"K"的成立本身就是一项"终极的尝试"。毕竟创办"K"的初衷就是要组建一个机构，能够尽情做自己想做的设计。我一直强调，"K"首要的经营理念，便是"*不要什么畅销就制作什么，而要创造自己想做的产品*"。我坚信，只要做到这一点，产品就必然会畅销。

我和家居品牌 BALS 的高岛邦夫社长会面时，对他聆听消费者心声的诚恳姿态和敏锐感受力十分感动。无论怎么想，我身上都不具备这种能力。我的做法是，坚信自己内心当中必定潜藏着消费者的心声，只需细心聆听就行了。当然，时至今日，我依然好奇高岛社长的感受力是如何形成的……

总而言之,"K"在我的直觉引导下运作得还算不错。第一年的筹备期过后,自 2008 年 3 月起,开始逐步进行营销活动。不,与其说是营销,不如说是广而告之。并不是高声吆喝"快来买吧",而是利用各种各样的机会,与形形色色的人会面,告诉大家"我们制作了这样的好东西"。具体方式是举办展览或逐门逐户地拜访并进行宣传。按照计划,我们将宣传的首站设在纽约,5 月奔赴欧洲,6 月与中国台湾地区的代理商会面,几乎每一步都已确定。中国大陆方面,我们也有活动安排,香港地区还需要进一步筹备。既然要涉足制作领域,那么我希望海外销售额至少要占到总额的 70%。

所谓制作便是如此。不该勉力强求,而需顺应时势、相机而动,在此基础上再稍加努力,以促成最终的实现。

# 逆向思考，才能领悟重要的道理
2008.06.27

说来突然，我不经意间想到一个问题。

最初宇宙中只存在死的世界，后来从中萌发了生命，最终又回归到了起点的死之世界。我想，正如日本人习惯以日本为中心去查看世界地图，人类也往往以生为中心去审视生死。实际上，是先诞生了宇宙这个静寂的原子世界，而后突然之间从中萌发了生命，将地球彻底覆盖……

如此想来，所有生命的故乡皆为宇宙。我们人类作为生命体，不过是来自生命世界的旅行者。

写出上面这番话的同时，我想到另外一种看待世界的方法。很久之前，我曾这样写过：地球上的一棵树扎根地下，屹立不倒。我们人类也立足于大地，行走于天地之间，靠呼吸空气而活着。

在我们人类看来，树木生根于大地，繁茂挺立，但是存活在地表之下的上亿个生命体，它们又怎么看待这种情形呢？对它们来说，地下才是自己的世界，无疑就像生活在天地间的人类，认为地面以上才是自己的世界一样。请试想一下将大树上下颠倒过来的情景。当天地逆转时，树木看起来就像将枝叶扎向空中，而根须却向地底蔓延舒展。

无论从大地还是空中，树木都要汲取养分，呼吸着空气，才能存活下去。

对生与死的理解亦是如此，翻转、逆向去思考方能明白某些重要的道理。

请再想一想空腹和饱腹时的状态。因为肚子空空，才会产生食欲。因为对事物存在"饥饿感"，才激发了索求的欲望。对人类来说，两者都是天性，是本来面目。恰到好处的状态，现实中根本不存在。即使存在，也不过是短短的一个瞬间。之后，要么饱食而暂时忘记了空腹的感受，要么肚子刚填饱，仅维持了很短的时间，很快又饿了起来。

饥饿的状态，正是我们人类的常态。人总是处于不停的渴求之中，永远不会满足于现状，这才是人类最本真的面貌。而奋发向上、不断挑战的力量，也正来源于此。性欲、食欲、追求自由的欲望等，在各方面都充满欲求的人们所持有的蓬勃生命力，正源自"饥饿感"。无法满足于现状的心态，才是生命力之所在。

# 对人通融，为己守矩
2008.10.20

为了参加中国服装论坛（China Fashion Forum），我来到上海。

由于我的演讲题目是"设计、品牌与产业"，所以便在会上介绍了"K"的情况，获得了大家的好评。之后，我又参观了作品展示会，出席了派对，才结束了全部工作。

这阵子，哪怕是在东京，只要不下雨，我就会外出散步。如果从家出发，绕着惠比寿花园广场走三圈，正好用40分钟。到上海之后，有一天我在路上无意发现了世纪公园，便打算到那儿走走。从地图上看，公园面积相当大。园内有一片巨大的水池，水池对面矗立着很具有中国风的建筑群。

原以为公园不收门票，谁知到了入口处，却发现售票窗口一大清早就已经开始卖票了。我心说："糟糕！"可并不情愿转身回酒店去，便比着手势请求看门人："我没带钱，麻烦您放我进去吧……"这里毕竟是中国，况且连门票都买不起的我，更不可能给对方什么好处费了……谁知对方却把手一挥："进去吧！"待人善于通融，令我佩服。

"通融"这种便利在如今企业不断官僚化的日本，大众是不再享受得到了。航空公司也是如此。旅客站在飞机出口等待下机时，若敢打开手机，就会遭到空乘人员的严厉制止，他们仿佛发现了罪犯一般。这种时候，空乘人员原本漂亮的脸也变得难看起来。当然，"请您下机之后再打开手机"，终归是对旅客必须进行的提醒，但此情此景,稍微通融一点又怎样呢?

这种通融,在中国就随处可见。

在马路上,那些开车的人就像骑自行车似的,随意变换车道、按喇叭。因为红灯的时候也允许右转,所以即使对于过马路的行人来说是绿灯,也不可掉以轻心。真正在管制交通的,是"灵活变通"的规则。

不过这种灵活变通的观念,也会导致贿赂事件。为了自身利益而通融,是件滋生麻烦的事。我在上海和绍兴时听说,就在最近,有一名口碑不错的地方公安机关的官员被判了死刑。据说他在负责相关工程筹建期间,选择工程方的过程中,收取了相当于数亿日元的贿赂。而说来可笑的还是事情败露的过程。

某次,一位公寓的住户发现楼上漏水,就在物业的陪同下一起进入无人居住的楼上房间查探究竟。该户的浴室已遭水淹,漏水的原因不查自明,但两人正打算把浴室里堆积如山的纸箱挪到干燥处时,纸箱底部却掉出了成捆成捆的现金,散落了一地。

在中国,空置房大量存在。许多作为投资而购买的房产常常处于空置状态。据说上海近郊某个英伦风格的小区,几万户住宅有时竟空荡无人。这些都是一些外地富豪购置的房产。

出于这种情况,物业管理人员有时会进入无人的住户进行查看。而该户的户主,据说便是那位公安机关的官员的妻子。原本口碑不错的公安机关的官员因收受贿赂这种愚蠢行为的败露,最终被判以死刑。

人类社会必须制定各种规则，但执行规则时若不能根据实际情况给予一定程度的通融，社会就无法顺畅运转，龃龉丛生。为了他人的便利给予适当的通融，而自身却严格谨慎地恪守规则——我认为只有人人持有这样的态度才能建立一个让所有人融洽相处的和谐社会。

# 耐心等候中国的成长发展
2008.10.23

在有关中国的问题上,我发现自己过去存在一些误解。

最近,上海浦东地区召开了一场"中国服装论坛"。会议选定的酒店和餐厅都位于会址附近。浦东地区其实范围十分广阔,它是一片超高层大厦林立的新开发区,覆盖很大一片区域,各种酒店、会议厅、大型展馆相继建成于此。我们的论坛会议就在这里举办。

我在主办方的带领下,去了附近的一家餐馆。据说该餐馆在上海很有名气,市内也开有分店。然而那里其实特别土气,进出的客人从面容到举止皆流露着乡下人的感觉。来回走动的服务员也像没受过什么教育的乡下人。我这样说绝没有瞧不起乡下人的意思,只是从他们上菜的方式来看,有些不合常理。他们站在那里时表情也呆呆的,一副哪里不对劲的模样。

关于这一点,同行的朋友为我做出了解释。

浦东目前这些现代风格的酒店、大厦,其建筑用地在原来要么是低收入、低教育程度人群聚居的区域,要么就是郊外的农田。据说开发征用土地时,政府给出的条件是,在新建筑中工作的雇员须有该地的原住民。如此一来,从业人员中必然有很多都是过去的农民,并且出入的客人也多是拆迁后的暴发户。

无论企业对员工如何教育培训,无论餐馆打造得多么豪华,如果顾客和从业者都是原住民,此地终究是原来的样子。

日本人口中超过95%都是中产阶级，既少有特别拔尖的超级富豪，也少有极端贫穷的人。然而中国的总人口中，只有一小部分属于中产阶层，富豪更少，剩下的绝大多数都是生存境况不那么体面的底层人群。

接连拔地而起的高楼大厦，不断增多的私家汽车，这些并不代表中国已迈入中产化社会。在建筑、都市与人群之间，还存在巨大的落差与鸿沟。

日本人总是难免站在95%的人口皆属于中产阶层的发达社会的角度去审视中国，但这就大错特错了。乘电车的时候高声打电话，小孩子在过道上跑来跑去，电车服务员斜靠在空座位上大声聊天……公共场合里，这些令人难以置信的行为，让我感到中国人在礼仪和公德方面受到的教育似乎不足，不由悲从中来。实际上，未受过太多教育的人，才是普通人。社会的主流，并不是那些中产阶层人士。这些普通人，正在成为现代化进程中上海的新市民。我平素交往的人，大多来自中产阶层，从他们平时过日子的水准来看，跟东京市民也相差无几。然而，这个群体之外的状况却截然不同。这样一想，道路交通的混乱、电车内的狼藉，也就全都可以理解了。今后中产阶层会不断壮大，届时中国的城市就会越来越宜居吧？我们要耐心等候中国的成长和发展。

# 死去，便是消失
2008.11.05

死去，便是消失，但也仅是消失而已。

死去之人不会知道自己已经消失，世间也不会因为一个人的消失而有所改变。重要的是当下活着的人在这一瞬间所呈现的生存面貌。如何去活，才是问题的所在。

哥哥似乎已经得知自己去日将近。他患的是癌症，通常来说应该住院治疗，可他貌似并没有这样的打算。服用抗癌药物会导致脱发，还将导致许多其他令人痛苦的并发症，这些都是药物产生的副作用。

听说哥哥感到疲劳时，就会去医院打打吊针。他房间的床褥上，到处都是指甲剐挠的斑驳痕迹。为了不让大家看到自己受苦的模样，他搬进了酒店。

凝望着自己的生死，哥哥似乎十分淡定。他必定尝尽了疼痛与苦楚，却咬紧牙关坚强地忍耐，并没有竭力延长生命的打算，而是支撑着被癌症侵蚀的身体，直视生活赐予的一切。

近来，我渐渐有所领悟：如何过好当下才最重要。

不要碌碌无为地活着。要把握现在的每一个瞬间，去好好品尝生命的滋味。

# 丢掉"计划"这个属于20世纪的协调性概念
2008.11.19

"贪欲蚕食了民主主义,将其啃噬得残渣满地。它更是导致市场失控和脱轨的凶手。我们不可避免要采取一些调节手段,以平衡市场局面。人这种东西,即使受到了教训,也会转眼即忘,将其丢弃在脑后。若说这是一种人类的天性,却也并非枉言。泡沫经济在每次出现时都换上一副陌生的面孔,使得我们人类不得不慢慢学得聪明起来(但愿如此)。

"通过美国的经济危机看清资本主义的本来面目后,市面上渐渐冒出一些论调:市场不可信赖,实行计划经济很有必要,应借鉴社会主义的市场形态等。这种声音着实可怕,意识不到自身缺陷,既无法通过竞争取得进步,又不会进行有效的自我修正。我认为,只有坚持市场原则,在此基础上提高信息透明度,加强市场参与者的道德观念,才是维持市场良性发展的王道。"

上面这封邮件是日本银行前理事,现任某证券公司董事长的朋友发给我的。

在中国待了一段时日,我对"计划"这个问题有了些思考。有规划的人生,有建设规划的都市……具有计划性通常被认为是件"好事情"。如果人生或城市没有规划,必然左支右绌、困难重重,会被人们怀疑缺乏理性和头脑。然而,计划果真那么不可或缺吗?我认为应当对此持怀疑态度。计划的对象并非现在,而是未来。在日新月异的巨大变化中试图提前安排一切，是件危险的事。

我一向主张"群体"这个概念。所谓群体，就是基于每一个体的自主性，互相尊重，互相关照，从而达成内部协调的结构单位。在此，我对"全体一致"抱以否定态度。

人们立足于现在，怀揣着过往无数的经验与记忆，在梦想与希望的引导下，迎向自己的未来。一瞬的记忆，刹那的梦想，皆是我们做出选择的依据，也决定着我们接下来的行动。在这个过程中，还会不断接收到来自外部环境的信息。人总会随时环顾四下，观察他人的态度及举动，依据得到的反馈，调整着自己的道路与方向。

部落、村落也是一种群体。其中家家户户彼此协助，互相照应，最终形成了城市。在这个过程当中，并不事先存在所谓"城市"的整体概念。正因为不具有"全体性"，也就谈不上"计划性"。

村落之中，无论增添多少住户，也依然保持着村落的本质。东京正是这样一个庞大的聚落。

我的这种想法，估计会被指责"过于理想化"。有人会觉得容纳了太多住户、体量过于巨大的聚落，或者由海量成员组成的大型集团，或许就无法再适用这套群体理论了。并且人们会开始向我游说计划的必要性，声称如若不设计划，便将导致混乱。

尽管如此，我仍继续坚持自己的群体理论。对此我自有道理。

让群体能够始终保持群体状态的是信息。无论是由人组成的集团，还是居民汇聚成的聚落，想要维持群体模式，相互之间就必须有关照体恤。所谓关照，就是双方对彼此的心情和状况都能知晓，并随时调整自己的态度，采取恰当应对方式的一种"反馈机制"。

如果想要控制房间的温度，就必须对每一刻的温度保持感知，做好应对变化的准备。群体当中所有成员都具备了这种反馈机制，于是群体才得以继续存在。

全球性金融危机，其产生的根本原因也在于信息的反馈欠缺及时性。在经济层面上，人们只要感知到有危险迫近，就会即刻采取行动规避。反之，预警信号一旦中断，就有可能造成险情超出可控程度，而人们毫不知情。这种无法及时处理的险情，就导致了"泡沫经济"。

计划性是指为了防止危险积聚而事先做出筹划。然而在现代社会中，极易发生超出人类预测的异常状况。只知遵守计划，反而会造成事情突发后无法及时应对的局面。

不依赖计划，在突发事件中随机应变，因时制宜，方为良策。这即是说，回到人类行为方式的起点，在规模庞大、结构复杂、沟通回路不清晰的组织内部，设置信息反馈系统，这样的做法才更合理吧。

棒球明星铃木一郎之所以称得上是优秀的击球手，是因为无论什么样的球飞到面前，都能相机而动、应对自如。他有逐一捕捉和预判球势的敏锐感受力，以及面对来球时身体瞬间的敏锐反应——正是有了这样绝妙的信息反馈机制，铃木一郎才能在运动过程中做出适宜的调整，漂亮地击中飞来的球。或许铃木一郎的头脑中不断盘旋着过往的经验与记忆、动物性的直觉本能、击球的冲动与憧憬，才能在每一个击球的瞬间都准确反应吧。

群体亦是如此，凭着对每一个瞬间的绝妙应对（并不破坏内部的和谐），便可做到对自身平衡的动态调节。聚落也好，人际关系、世界经济也罢，都需要设置一套这样的应对机制。丢掉"计划"这种属于20世纪的协调性概念吧，21世纪应该是通过动态调节来使自身所在的群体保持平衡的时代。

这是我置身于北京这座城市时，心中的一点梦想。

# 为自己的观点署名，光明磊落地发表
2008.11.20

最近我读到一篇文章，内容讲的是匿名报道的"暴力性"，质疑了以不署名的方式撰写文章，试图回避责任的做法。尤其在互联网上，匿名文章造成的语言暴力，往往表现为诽谤无辜的人，给对方带去难以想象的精神伤害，甚至有孩童在暴力迫害下自杀的极端事例发生。

设计的世界里，有一股认可匿名发表作品的风潮。但我认为，设计也是一种个人主张，隐去作者姓名的做法，并不代表德行的高洁。虽说不存在通过设计直接对他人进行诽谤这种事，但恶俗的设计成为某种视觉暴力的例子却并不鲜见。这种情况下，却往往没有谁因此被问责。

以往的时代重视并强调设计之中的个性意识，因此说什么"发现平凡作品的价值、匿名性的价值"，其实也仅仅意味着一种对过去风潮的无谓叛逆而已。在我看来，不具个性的设计、逃避责任的设计，应该被淘汰和放逐，设计师要将设计当作自己向世界传达的信息，尽心尽意地去做。

值得推崇的匿名方式是指，由谁设计无从考证，姑且认为出自某个无名氏之手，然后经受了众人目光的检阅，经历了漫长时间的考验，渐渐被大众接纳，唯有在此时，方能去评价其作品的艺术价值。从一开始就被有意识、有预谋地选择匿名，这样的设计应该称作"出自不负责任的伪设计师之手"才对。

我认为,设计师同时拥有三种身份。第一,作为经济人的身份。设计也是一种经济活动,所以这点比较好理解。第二,作为匠人的身份。他们回应公众和企业的期待,找到各项问题的解决方案,从而领取酬劳。以上两点大家应该都能理解,但实际上,却有许多设计师忘记了自己还有另外一重身份,那便是作为独立的个人,对社会所负有的责任。

设计师也像艺术家一样,首先要作为一个"人"去深度挖掘自己的内在,向社会输送信息,表达想法,有时还需要坦白自己深刻的苦恼。正因为有了这第三种姿态或者说面貌,设计师才有资格去追问"何谓人",以及"何谓设计"。身为匠人的智慧,只有在身为一个真正的人时方能获得。

设计不应沦为匿名之物,设计者应大大方方地署名其上,因为这是设计师作为一个堂堂正正的人而拿出的作品。不存在所谓"匿名的艺术",我也要坦然地为自己的观点署名,并光明磊落地发表。

## 人之生死，如同呼吸
2008.11.26

吸入，呼出……晚秋时节，清晨冷冽的空气沁人心脾。我清了清嗓子，大口呼吸着清新怡人的空气……

话说回来，没有谁是在刻意的状态下进行呼吸的，只是自然而然、毫无意识地完成吸入、呼出的动作，这才是呼吸的本质。这样的过程一旦停止，人便会死去。

走在街上，人们会发觉植物也在呼吸。观赏红叶的季节已经过去，满地都是落叶，然而到了明年3月，落光树叶的黑色枯枝又将绽出新绿的嫩芽，仿佛在向我们宣告久违的春天即将来临。我想这也是地球的某种呼吸吧。毫无疑问，这些植物并没有意识到自己的呼吸，只有我们忽然察觉叶子落了、出新芽了而已。

散步归来，我感到神清气爽、饥肠辘辘。饥饿这种事虽不好受，但恰是肚腹空空的感受刺激了我们的生命。人饿了就会进食，进食之后便能饱腹。饿了吃，吃了饿……不断重复着这一过程。这样的循环大概也是一种呼吸，就像呼气之后必须吸气一样，肚子空了就需要进食，并不是我们人类有意识控制着空腹再到饱腹的过程。

人的情绪也在呼吸，时而低落，时而高涨，即使陷入了抑郁，某时某刻也会恢复正常。不过也有的时候，某些人会从抑郁猛然切换到躁狂。而大多数人即便不会一下子激烈到躁狂状态，情绪也总在起起伏伏、时上时下,如同呼吸的沉浮。因此,把这种起落理解成呼吸便好。

经济领域亦存此理。经济环境从景气到低迷,中间大概要经历十年的时间,在漫长的时间中起落循环,这也算是一种社会的呼吸。正因为有了经济的高低潮,人们才会肃然警醒,反躬自省,企业才会进行机构整改与重组。没有这种呼吸,组织便将老化、腐朽。吐故纳新,是天经地义之事。

想一想,其实地球也在呼吸。黑夜来了之后是黎明。到了夜晚,大多生物都陷入沉睡,只因太阳西沉之后,生命活动变得相对困难,于是等到晨光亮起,它们才苏醒。如果没有这番昼夜交替的呼吸,人心就会怠惰,连续不停地劳作,一直得不到喘息,最终失去活力。夕阳的美景,便是地球呼吸活动所演绎的最动人心魄的剧目。

人之生死,或许亦如呼吸。人无法永生,是理所当然的事。只吸不呼,人便会陷入窒息。如果把出生比作吸气,那么死亡就是呼气,因此生死循环也便成了呼吸一样的过程。

如此想来,疾病、不幸、失恋、死亡威胁、经营失败……所有的挫折,都有获得拯救的机会。因为随之而来的,便是健康、幸福、新恋情的出现、起死回生、转危为安,以及经营状态的改善。

这些可都是实话实说。

## 金钱，越追越逃
2008.11.27

金钱真是一种神秘莫测的"生物"。曾经我一贫如洗，于是某天终于被朋友告诫，"因为你不招钱的待见"。用他的话说，就是"你不爱钱，钱不爱你"。

那位朋友早已退休，如今正在兵库县芦屋市悠然度日，想来已经变得很富有了呢。

这件事之后，我开始寻思：虽说自己无法做到爱财如命，但至少变得喜欢钱还是没有问题的。于是，我一度以设法多挣钱作为自己的奋斗目标，结果以赔掉几十万日元而告终。

后来又经历了种种波折，直到 29 岁我才终于创办了自己的建筑设计事务所，但在经营它的 7 年间，也是穷得捉襟见肘。记不清有多少次，我最珍爱的尼康相机被我送进典当行，时常一到月末就无钱周转。每到那时，芦屋市的那位朋友就会借给我 50 万日元应急，而我也会尽量有借早还，以图再借不难。

那 7 年间，就连天才家居设计师仓俣使朗先生，也在我借钱时出面做过保证人。当时我俩为了借钱，曾互相充当对方的保证人，听起来十分可笑，但在当时却是被允许的。

我曾为了钱开口向人求情，但自从犯过一次错之后，到如今这么多年，虽有时也会为了金钱奔走筹措，但绝不献媚于人。

今日我早已脱离窘境，好歹过上了安稳无忧的生活。而我最确信无比的一件事,便是钱这种东西,你越追,它越逃。而当你坚定不移、全心全意走在自己选择的道路上时,它自然就会尾随而来。

总而言之,"去爱"相当容易,但"被爱"却是至难的功课。

# 真有灵魂存在吗
2008.12.01

据说,世间似乎有灵魂存在。生命或许是在宇宙这个仅有原子的世界里诞生的某种奇迹吧——之前,我曾写过这个话题。因此,所谓死亡,不过只是这种奇迹现象向宇宙原子世界的回归。生命尤为宝贵,但死却实在简单。

话虽如此,尽管我认同死是件简单的事,但总有一个问题想不明白,那就是此刻我的所思所想、我的心愿与希望,在生命断绝并回归至原子世界之后,都去了哪里呢?

物质会有它们的气场,人亦有气息或气场的存在,说是"气"也未尝不可。这种气息,是由人的希望、梦想、执念等意识或意念形成的。有气场的男人,之所以能凭着一股气势感染他人,必定是因为从他身上散发出某种不可名状、难于测知的"气"。日语中所谓的"色气",即性感魅力、诱惑的风情,也是一种"气"。在我看来,都是某种超越了物质的存在,也就是"气"所带来的东西。

如果人在活着时身上具有这种气息,即使死去,应该也不会彻底消失吧?人离开某处之后,他的气息确实会随之消散,但实际上它并未真真正正地消失,只是离开了此处而已吧。因此,人死之后,他的气息也依然会留在世间。

我一直说,物品的设计也正是对它"气息"的设计。气息就像灵魂之类的东西。正因为气息的存在,才产生了空间。而家居设计，便是将家具、地毯等物品的气息加以调和，使之匹配相融，达成和谐。

不只是物品本身可以被携带至其他地方，它的气息也能随之前往。然而我认为，人在什么地方死去，他的气息就停留在什么地方。因此，人的气息时时刻刻浮游在空中，那些便是所谓的灵魂吧？

或许只有那些意念十分强烈的人之气息才会在其死后存留于世。于是我渐渐觉得，即使是某件物品，只要对它的喜爱和眷恋足够强烈，那么即便它毁坏了、消失了、废弃了、被烧掉了，它的气息也依旧会留在世间吧。

欣赏传统工艺品的时候，我发现，曾经只是餐具的碗盘、套盒等，都逐渐增添了点缀，变得越来越富于装饰性，其功能性却一步步被人们赋予它们的欣赏和收藏价值，以及寄托其身的情感价值削弱。随着时代的变迁，这些物品的功能性渐渐被削弱之后，唯有其承载的情感被保留了下来。如此一来，它们几乎就仅剩下工艺品的价值了。而这样的工艺品，越看越觉得仿佛是失去了肉体，仅有器物的魂魄仍然留存于世间。人类的灵魂亦如此，当生命本身失去了各种机能，彻底消逝之时，唯有美，唯有灵魂，继续飘荡在人间。

# 聆听美的言语
2008.12.05

我是个建筑师,同时也是一名设计师。当然,在这两种身份之前,我首先是一个人,以一具肉身不遗余力地去经历人生,体验生活,寻找"美的事物"。"探求本真"固然也是一项大有可为之事,但于我而言,最恰当、最合适的生存方式,仍是追求世间"美的事物"。

假如有人问我,"您今日及明日皆为何而活?"我只有一个回答,"为了明天也有令我感动的事物出现"。

这样的我,为了寻找美的事物,不仅全心生活,而且一直从事建筑与产品的设计工作。设计可以被称为"思想理念的表达",而在表达之前,先要经历美的探索过程。不仅是去表达自己寻觅到的美,且设计本身就是寻找美的手段。

仔细聆听世界上纷纭呈现的事物与言语,你便能从中捕捉到"美的声音"。听着这些声音的倾诉,我便会生发经由设计去传达美的意愿。因此,物品与言语,就这样往来于我与世界之间,日日从我的眼前耳边飘来荡去,穿梭不息。

平素我既运用"物的语言",又借助博客之类的"文字语言",表达自己思想的结晶。没有语言便无从思考,因此语言成为我的助力。

"物"本身也是探寻美的手段之一。形态、素材、光影,都将化为"物的言语"。它们与"文字语言"迥异,由大脑的另一片区域负责聆听。除此之外,大脑中还有一片区域,在那里,"物"将成为思考的工具,思想则被"物"催生。

在这一过程中,文字语言会充当辅助的角色。言语并不仅仅属于知性的范畴,它们也是感觉,并具有空间性。因此,物的言语也是一种蕴含着知性的情绪。

正是经由这两种曼妙且不可思议的语言,我寻找着美,表现着美。

## 欲求固然重要，成为欲求的对象同样重要
2008.12.09

有欲求是件十分重要的事。目前有个说法：如今许多年轻人已经丧失了"想去从事这个、想要尝试那个"的欲求，甚至包括表达欲求的能力。欲求是什么？它是人生命力的来源，是存活于世的根本。

我们应该知道：欲求固然重要，成为欲求的对象也尤为重要。

之前我写过：金钱这东西，你越想要，越追逐，它越逃。若想获得金钱，就要将视线转向别处，不要紧盯着它，认真去经营生活和自己便好。当你全情投入生活本身时，金钱自然而然会源源不断地流向你。与其沉溺于追逐金钱，不如成为"金钱喜欢的对象"才更有效。

商人与其一门心思想着"怎么卖货"，不如去思考"怎么做，商品才容易畅销"。毕竟，就算自己想卖货，也得顾客先有需求才行。"被欲求"才是商品畅销的关键。

设计表现也是同样的道理。从设计师的角度来说，想表达的东西有满坑满谷，当然，即便对于一个普普通通的"人"来说，也是数不胜数。但对着那些压根无心倾听的人，你表达得再努力也不会被倾听并理解。

想了解，想倾听——对方若不是一心一意注视着我们，等待着我们开口，无论你如何卖力地讲解，都是对牛弹琴、白费口舌。

教育方面亦是如此。最为重要的是激发学习求知的兴趣与热情。有求知意愿的人,会在接受他人提供的教育之前,先主动学习起来。同理,做生意、谈恋爱、艺术表现,无不如此。

比起背后的推动力,面前的吸引力、诱惑力更加有效。

在人际交往当中,比起热络主动推进关系的"加成力",反而稍稍后退一步"做做减法"更能发挥至关重要的作用。

被人爱慕,被人悦纳,受到欣赏,被人渴求,渴望学习和汲取……所有"被渴求"的事物都通向一个世界,而这个世界,必定是舍弃旧我、涅槃重生的至高境界。

# 站在政府的角度，
# 培养一种注重投资效果的风气

2008.12.15

地方产业失去活力，政府就会提供扶持。否则，任由弱势者衰竭，其最终必将难以生存，届时政府就必须给予救济补助。传统制造工艺后继无人，长此以往将面临绝迹，政府就要为之投注资金。以上所述，都是日本经济产业省和中小企业厅正在做的工作。尽管都是官方机构理应做的分内工作，但我却从中体会到一种悲凉的宿命之感。

人为之力十分渺小。个体无论如何努力，也无法阻挡时代的大潮。尽管如此，逆行于时代潮流，向原本已逐渐衰微的产业投注资金正是这些组织注定要做的事。

企业家观察时代的趋势与产业发展的动向，将资金投注在呈现上升势头的产业中才会获得成功；而官方组织不能这么做，它必须向衰退的产业投资，为难以自立的企业提供援助。产业一旦处于接受救济的状态，就不具有"未来可发展性"了，假如是企业家，很可能会对它们袖手旁观；可对这些衰微产业进行投资，恰恰是政府应该做的事，应该说，这是一种悲哀的命运吧——在知悉并不会获得成功的情况下，依然选择投资。

对于当今社会来说，传统产业已经失去了获取实际收益的功用，只能提供审美价值。往昔扎根于生活现实的产业，随着时代变迁，难免被淘汰。如果用人来打比喻，就如同失去了肉体，仅剩下灵魂。唯有美，以灵魂的形式持续给人们感动。

政府的投资行为能否成功，取决于能否让"美的灵魂"走上实业的舞台，只有真正"美的灵魂"，才能得到这样的机会。

尽管如此，站在官方立场的人，还有另一个悲剧的宿命，那便是必须对所有对象一视同仁。在面向同一地域或同一产业提供援助时，对不具备审美价值的就抛弃，对具备审美价值、值得保留的就加以扶持，这样的做法是不被允许的。政府要公平地支援它们。

实际上，产业是在共同发展、公平竞争的原则之下运行的，然而站在政府立场来看，却只能依靠共同发展的原则来扶持。虽说政府此举也需要采取能激发竞争的行政手段，但实际上他们往往不会那么做。

其实，应该把资金援助给那些有发展前景，却又资金不足的年轻创业者及新的创业项目才对吧。即使从政府角度出发，也该培养一种当今社会通行的注重于评估投资效果的风气。希望我们的产业援助体制能够具备一种品质，即"政府的投资是为有才能的弱势者提供机会"，应以这样的标准去衡量政府官员的功绩。事实上，将钱投给衰颓的产业或个人，如同用冷水去浇滚烫的石头，这本不该是政府从事产业援助的宿命。仅是基于共同发展原则，却不鼓励竞争，并非援助组织的本意。希望政府舍弃"只要把预算花掉就万事大吉"的旧思想，拿出勇气去支持那些有望为国家的将来做出贡献的企业，同时提倡它们相互竞争。

政府官员为了避免受到世人的非议，只通过现有的职能部门进行援助，并将所有的申请者一概视为救济对象，仅依据共同发展的原则去提供资金支持，长此以往，不仅是地方产业，各行各业都只会越来越衰颓。

我期待一位勇士的登场，他能够纠正作为诸恶之源的官僚本性，重新唤起政治上的良好风气，打破使大多数官僚明哲保身的现有体制，甚至不惜自我牺牲。所有人都等待着这样一位英雄的出现。

# 椅子，是一种建筑
2008.12.22

椅子的背面，看起来就如同父亲的背影。椅子的正面，则仿佛是母亲的双膝，就像母亲正冲我们询问："怎么样？要不要过来坐啊？"

从背面来看椅子，它就是一件"东西"；而从正面来看，它就是某种"空间"。

我之所以会觉得椅子是一种建筑，是因为椅子的这种两面性吧。历史上伟大的建筑师们，全部拥有自己设计的椅子。他们的想法大概是，无论怎样还是得留下一把椅子才行啊，让它成为自己的传世杰作……

# 我对"极乐净土"这个词深感震撼
2009.01.08

我曾经看过一个关于敦煌莫高窟壁画的影像资料,为其中出现的"极乐净土"一词深感震撼。我恍然大悟,这不正是自己一直探寻的美之所在吗?真希望自己迄今为止做出的每一份设计,都能称得上是"极乐净土",我终于意识到这才是自己毕生的追求。

我也知道,这个词语代表着一条没有开始、没有止境、前途未卜的道路。一旦触及它,就意味着面临"何谓设计"这样的终极追问,很有可能带来思绪枯竭、毫无收获的后果。"极乐净土"的的确确是个十分危险的词,尽管如此,我依然渴望能在某个瞬间抵达极乐净土,去窥探美的究极之境。

当今时代,物质极大丰富,人们的物欲也随之膨胀,将证券这种难以预测和操控的东西,当作追逐并满足物欲的手段,由此才导致了金融危机。然而,人与物之间的关系究竟该是何种面貌?致力于寻找设计灵感的我,为此思考至今。而思考的结果是,我领悟到物对于人不该仅仅是有用处而已,还应该被人喜爱。正如人与人关系的最高境界是爱,人与物也同样如此。对物抱有"爱慕"之情,这种危险的想法,也与极乐净土有相通之处。逃避到美、爱、极乐净土等词语建构的世界之中,使设计这种原本充满矛盾与冲突的行为变得简单、单一,似乎所有的问题都得以解决,这种做法未必就好。关键在于,我们不要仅仅逃向词语,而应该去感受在追寻它们的路途上苦涩的一切。就像至今也未在谁身上见过纯粹的"对人之爱",那么对物的爱及"极乐净土",也同样是难以企及的幻梦。

尽管如此,我依然不愿忘却曾经那个令人震撼的瞬间。极乐净土,是个音韵动听的词语。我想亲眼去看一看敦煌二百二十窟的美景。

# 活着，也是为了美
2009.01.14

每当被人问到美是什么，我总会答："美就是给你快感的事物。"有人也曾替我修正："你是指心情舒畅吧？"但于我而言，还是"快感"这个词更加恰当。比起"心情舒畅"，它更具有肉体和感官方面的愉悦。

我也常说："为了美我可以去死。"既然能让我赌上身家性命，那么在某些人看来"快感"这个词程度似乎就不够深。但我依然要说，美恰恰是快感无疑。

最简单易懂的例子便是性快感。或许有人觉得，性方面的快感总不至于叫人押上性命吧。事实并非如此，男人为了女人有时甚至愿意去死，潜意识之中就把对快感的追求作为隐线。没有快感的驱使，人类早就灭绝了。因此，快感的确就是这么重要。

话说回来，性方面的愉悦虽然至关重要，但那是一种没有实际用途的感受。虽然它为了不使人类灭绝起到了关键作用，但性愉悦充其量是一种个体感受，在个人的内部已充分消化殆尽，不会对社会和他人产生什么影响。

美正是同样一种感受。它也一无所用，但我愿意押上整个人生去探求它、追寻它，为这"无用之事"赌上性命。

人通常是为了什么而活呢？希望自己明天继续活下去，必定是因为内心有所期盼吧。我想人们都抱着一种心思，"明天肯定会有什么令人感动的好事吧"。就这样,美与它所带来的快感,不仅让我们感到有为之"拼命"的价值,而且让我们愿意为之继续活下去。

我在前面的文章里写过:设计的终极境界是"极乐净土"。所谓极乐净土,也是一种毫无所用的感觉。但面向它、面向美,上下求索,大概便是身为人的宿命。因此,"快感"这种"极乐净土",便是设计和艺术所要探寻的终极目标。南无阿弥陀佛。

# 专业人士背后的业余精神
2009.01.16

提到职业杀手,脑中难免会浮现出漫画《骷髅13》中杀手Golgo的面目。于是"专业人士"这个词中,就含有一种"技能高超娴熟、冷静解决问题"的意味,感觉挺酷。既然受人之托承接了项目,就必须自始至终全力以赴,交出漂亮的成果。因此,提到设计领域的专业人士,就总给人一种印象——无论来自企业还是个人的委托,设计师都能替对方拿出解决问题的方案,并且值得依靠和信赖。

专业素质固然重要,但我很想大喊一声:"慢着!我有话说!"不仅设计领域如此,其实一切所谓"专家的工作",全都同时包含着"委托者的问题",以及"解决问题的相应能力"两个方面,而这两者之间是呈正比的关系。但仅仅做到这样的程度,委托者与专家之间的关系也就被禁锢在了狭隘的可能性当中。

如果你去请教建筑师,"请您谈谈对当今都市景观与形态的看法",基本上所有建筑师都能给出详尽的回答。因为这不是为设计方案的委托者提供的回答,而是建筑师作为一个"人",作为一个专业人士,在自己的专业身份之外,首先从一个"人"的角度给出的意见。

通常情况下,建筑师被委托的工作都是在预算之内尽量设计出宜居的住宅,并在遵守法律的前提下,实现自己的设计。但除去这些考虑之外，他们还思考并寻找着"所谓住宅，到底是什么"以及"今后，美将呈现何种面貌"等问题。产品设计师亦是如此，当中最优秀的那一批人也在很长一段时间内思考着同样的问题。因此，设计既是针对企业的问题给出的回答，又是面向时代、面向社会给予的回答。

在"设计"这样一份专业工作的背后，至关重要的是，即便未曾受到委托方的要求，也要面向整个社会去表达、去发言。设计师首先必须作为一个"人"，去向社会发出追问，并提出自身的主张。

我认为，对于设计师来说，有一项非常重要的精神就是：业余精神。毕竟，设计师首先是作为一个普通人而存在的。失去了作为一个普通人的视角和主张，专业精神也无从谈起。

专家们最容易陷入的误区是过去固有的行事方法与一贯的解答问题的方式。抛开这些套路，先从心态上回归为一个"人"，站在原点去思考问题，方能回到正轨，找到自身应在的正确位置。不过，即使说要打破"既有概念"，做起来却并不简单。倒不如说回归一种"普通"的思维模式，反而更能够看清楚问题的实质。

# 人类或许会因为文明的高度发达，迎来自身的毁灭

2009.01.19

越是高级的生命体，据说就越复杂。人类作为高等生物，在感情方面也是复杂至极。生命体的构造过于发达，形同一个混沌世界。"高级构造"在现实社会之中，会越来越快地向更高的级别进化，从而演变成一个"混沌体"。

对于这样形成的高度文明的社会，如何简明清晰地解说它的构造、机制，将十分关键。因为一旦开始感受到它的复杂，人就会从这个社会系统中被排挤出来，成为边缘化的存在，也就是说变成被冷落、被疏远的对象。如今，我们恰恰处于这样艰难的时代。

过去，如果汽车意外熄火，我们就会走下车，打开引擎盖，自己推测故障在哪里，然后试着修理一下，看看火花塞是否有污物淤积，调整一下点火正时什么的，修理好后，便继续开车上路。如今碰到这样的状况，即使把车子送到修理厂去，技工们也不会彻底维修，而是换个零部件来解决问题。他们会告诉你"是车载电脑出了问题"，然后帮你整个换一台新的。因为车载电脑当中的零部件过于高级，已经不可能修好了。

同样，政治问题也越来越不简单，甚至在经济领域，比如全球性金融危机，已复杂到事先任何人都无法预测它的发生。各大企业就连预测下一年度的销售额都极为吃力，因为真的看不清未来的趋势。

信息网络过于发达，各种消息、事件瞬间传遍世界。复杂的系统构造在世界范围内彼此交织、四通八达，形成了更为复杂且规模巨大的组织。在全球化时代，这便是信息交换必然的命运。即便在一座小村庄，村民之间的情感也并不稳定，时刻发生变动，人际关系不再单纯。在今日全球化的世界里，所有人彼此都有关联。

面对如此发达的社会构造，找出解析它的线索，发现其运作的规律与法则，并不是件轻而易举的事。这样的复杂系统中存在天文数字的繁多因素，彼此关联和制约，牵一发而动全身。其中某一项因素发生变化，便能影响到全局。其复杂程度可以说早就超出了可理解的范围。

在现代，进步也便意味着复杂化，这不仅限于生命体，组织也具有相同的发展模式。如今的时代，全世界持有各种思想、价值观的人，共同栖居在地球上。而由于信息传播的方式越来越发达，人类的组织也随之进化，变得越加复杂且高级。

人类或许会因为文明的高度发达，而迎来自身的毁灭。假设人类之死会成为生的最高形式和终极之境，那将是个值得深思的有趣话题。

## 不足是缺陷，过之犹不及
2009.01.21

方才在吃正月的传统年菜时，我吃了一口杂煮，忽然觉得味道上好像缺了点什么……之前佣人说"请来尝尝味道吧"，当时我就发现差了点什么，但还是告诉她："味道不错。"现在，这道菜中虽然各色食材一应俱全，我依然感到少了那么一点点滋味。

在我记忆中，过去也有这种"差点什么"的感觉。不是好吃或难吃的问题，而是"不足"或"过多"的微妙差别。设计当中也存在"少一点不可，多一点不行"的状态，并且不多不少、恰到好处的感觉与设计理念一样重要。

另一个例子是元旦的早餐，吃的是我喜欢的小鱼佃煮[①]。住在名古屋的两个妹妹，继承了我母亲的手艺和风味，每逢年关都会送过来一些。我把它们跟神户专业厨师烹饪的小鱼佃煮比较了一下：大妹做的和母亲做的味道一模一样，可见得到了母亲的真传；小妹做的相较来说清淡爽口，味道显得更上档次。关键就在于神户厨师的小鱼佃煮了，堪称美味至极。小鱼佃煮虽是用晒干的小鱼制成，但神户厨师做的这份，味道已渗入到鱼肉的内部，表皮却仍保持着爽脆，口感并不发黏。而妹妹们做的，味道就只浮在鱼皮的表面，因此小鱼和小鱼总是容易黏在一起。神户厨师做的小鱼佃煮，表皮干

---

① 小鱼佃煮：将小鱼和贝类的肉、海藻等加入酱油、调味酱、糖等一起炖煮。

爽，却越嚼越有滋味。这种差别到底源自什么呢？可见，专业料理人与业余爱好者之间，差距就是如此之大。专业料理人懂得在菜肴的品尝过程中，味道与口感将会发生怎样的结合，而把握烹饪时机的技巧则十分关键。小鱼佃煮刚咬下去时，酥酥脆脆的"咔嚓"一声，然后浓香就慢慢四溢在舌尖，这样的滋味才堪称美妙。

好的设计也是如此，既不过度，亦无欠缺，那种恰如其分的"适度感"十分美妙。如同料理，即便百味俱全，但是否能够做到浓淡得宜、平衡有致至关重要。在设计中，人与物之间发生联系的过程也属于设计的一部分。看到并触摸一件物品，会生发怎样的感受？刚刚开始使用物品时，以及用惯了之后，又分别有什么感受？关注这种人与物发生联系的过程，重要性不可忽略。

# 身体之美
2009.01.25

日本女性的腿算不上长，按比例来看，上半身更长一些。与西方女性颀长的身材、美丽的手足线条相比，从观感上来说，无论如何还是日本女性逊之一筹。那么，这样便可以说日本女人不美吗？倒也不然。西方的审美观念，偏重于视觉感受，重视比例的均衡，而日本人却用身体的感觉去捕捉更深层次的美。

有时我会觉得，日本女性的美不正在于身体之美吗？最极致的美并非看到的，而是凝聚在抚触时的感受之中。因此日本女性稍显修长的躯体，能让我们充分体会到美感。

所谓人体，简而言之，是从一截躯干延伸出了四肢与头部。与手脚不同，若是除去头部，人便会死亡。那么，四肢与头部哪个更为重要呢？关于这一点，人们可能意见不一，各持己见。不过，我倒觉得，躯干部分才是人体的根本。确实，人的头部生长着更具个性色彩的脸部，有能言善道的口，有能听声闻音的耳，有能分辨气味的鼻子，还有用来视物的双眼——主要的感觉器官基本上都集中于此，甚至用来接收感官信号、进行分析判断的大脑也在头颅之内。这样想来，头脑诚然是人进行自我认知的信息据点，然而，人的本质却并不在于其拥有的个性部分，而在于躯干。应该称作"人所扎根立足的基础"，即"人之根本"的那种重要存在感，只有在躯干之中才能找到。

不不，请不要误解，我绝非热衷将人体"大卸八块"，分解成一截截肢体这样的事情。我想表达的是"TORSO"，即"人体躯干雕塑"。

脸部具有个性，反映着一个人独特的气质与特点。虽说也有专门的头部雕塑，但这样的雕塑，往往会变成一个人的"肖像"。相反，仅有躯干的雕塑，即"TORSO"，则会成为一件作品。此时，作为"某个著名人士的躯干"那部分属性消失了，它表现的是人类的身体之美。

躯干之上生长的手臂，说来其实是躯干为自己装备的、用来完成各种操作的工具，腿脚则像是汽车的车轮，即用来四处移动的工具。以此类比，头部也是捕获信息的情报中心，是解析信息的一台"计算机"，也不过是工具而已。唯有躯干，无疑代表了拥有各种工具的"人的本体"。

人体躯干雕塑之中，凝聚着人体所有的美。无论男人还是女人，美丽的曲线描绘了完整的人体，每个隆起和凹陷都深具动人的"戏剧性"。作为人体内部构造的骨骼，其适度的凸出形成了阴影；骨骼与肌肉优美、柔和、富有弹力的结合关系令人愉悦；乳房与臀部的隆起颇具性感意味，又美丽无比；而尤其令人愉悦的是，这躯干不仅是视觉的对象，同时也是诱发触觉的存在。它是这样一种人体部位：你可以去拥抱它，用手体会它的质感与形态。

我很理解那么多雕塑家制作躯干雕像的理由——裸体人像的魅力，不在于手脚，亦不在于头部，毫无疑问，在于躯干部分。

有位钢琴家,听了我关于躯干雕塑的看法后,说道:"简直是一首巴洛克的乐曲。"我似乎明白他感受到了什么。人体躯干雕塑的美是巴洛克式的——钢琴家的回应里,有这样一种含蓄的意蕴。

# 非连续的连续性
2009.01.28

一对情侣观赏着落日,不由一唱一和,欢欣赞叹:"太美了!""是啊,真的美极了!"虽然我并不想给眼前这对心意相通的情侣泼冷水,但我想说,此时女人和男人心目中所定义的美景,可能大相径庭。

每个人都拥有自己的一部"个人史",即使面对相同的夕阳美景,由于唤起的记忆各不相同,所获得的感动必定也有差别。对女人来说,联想到的或许是曾经在故乡见过的如火夕照、满天晚霞;而男人脑中浮现的,没准儿是和过去某任女友一同出游时的记忆。不过,尽管如此,两人依然达成了共感共鸣,毫无疑问,他们之间的交流是有效的。

每个人都拥有伟大的过去,秉持着一套不容动摇的判断自身存在的基准。对于世间所有文学作品,阅读者往往有各不相同的理解与诠释。是每个人各自的人生,以及所置身的文化环境造就了解读方式的差异。

设计亦然。对于同一件物品,即使人们的感受各不相同,但依然能够建立共感,产生共鸣。

所谓沟通、交流,正是这样一种过程。在非连续的状态中,依然具有某种连续性,这便是交流。

再说"流行"。"流行"在瞬息万变的时尚界表现得尤为显著。

流行与时尚，两者皆需感受所处时代的氛围，它们彼此影响，其面貌不断发生变化，而影响便是一种非连续的连续性。

模仿与复制，亦是一种连续性很强的"延续"，它们受自身所处文化背景的影响，反映着当前时代的潮流与氛围，因此它们带来的"相似性""雷同性"，绝非什么坏事。倒不如说，是一种社会期待发生的连续性。毕竟，社会就是这样一种所属事物分别以自身个性为背景，又彼此影响而结成的集团。个体之间通过互相映照，彼此达成共感共鸣，方能诞生健康良性的社会。

有持续发展可能性的社会，便是这样应运而生的。人与人之间保持某种"连续性"会使记忆得以蓄积，文化得以形成。重要的是，这种连续性恰恰是彼此各不相同的个体（人），在各不相同的瞬间（时间），以及地域（空间）之中，因保持了各自的个性而获得的共感共鸣。这意味着：千万不可以丧失自我，同时也要做到"万众一心"。

# 手与脚，皆受躯体的支配
2009.02.02

虽说不是每天如此，但早晨的时候，我会尽量出门走一走。寒意凛冽的清晨，绕着惠比寿花园广场快步走上几圈，心情实在舒畅。基本上我都一言不发，调动全身默默地大步而走。

现在回想，自己过去的走路方式实在不得要领。最近我常在思考，走路这件事其实也讲究技巧。于是，每天都会下功夫调整自己的走法。

我们与自己的身体保持着长久的交往。尽管如此，我还是渐渐意识到，自己并未对它有过十足的了解。

通过走路这件事，我有了各种各样的发现。首先，过去我认为散步是为了锻炼腿脚，但其实呢，它更有利于肠道的健康。看起来似乎是手脚在运动，实际上却在不断给予内脏良好的刺激。散步回来之后，排便果然顺畅多了。于是，有时我也会一边走，一边催促便意。因为人通过行走，自然而然使内脏也得到了运动。

另一个发现是，我意识到在行走的过程中，腿脚是由腰部和腹部来驱动的。手也一样，并非只有手部在活动，实际上是由肩胛部位开始，整只手臂都在摆动。我领悟到，正确的走路方式应该是手脚并用，整个躯体协调运动。

有一次，我在香港某酒店的浴室里撞到了小脚趾，疼了三天多。区区一个小脚趾，就搞得我一连几天都行走不便，这让我大感吃惊。即使是一个小脚趾，也在步行时发挥着不可忽视的作用。

当我以自觉最舒服、状态最佳的方式行走时，的确从腿脚、腰部、腹肌，甚至一直延伸至肩胛部位都在运动，双臂也会随之摆动。通过身体的感觉，我了解到，这种全身参与的状态才是走路的正确姿势。

顺便一提，关于天使的翅膀是从哪个部位生长出来的这个问题。我曾在欧洲的美术馆里仔细观察过一些天使雕像，它们的翅膀全都生在肩胛骨上。因此，天使既拥有手臂，又拥有翅膀。

人的四肢全都受到躯干的支配，包括肩胛骨、腰部、腹肌等各个部位，躯干如同统御着一切的大陆，它才是身体的主宰。

打高尔夫球时，我曾经因为不知如何挥杆而长年苦恼。然而近来，这烦恼却烟消云散。我也是一边走一边领悟到，其实打高尔夫球和走路一样，两者的道理是相通的。

如今，我已不再为挥杆的问题而发愁。那是因为我学会了不要将注意力放在球杆、手臂与腿脚的动作上，应该视它们为不存在，而单凭身体，也就是躯干部分去完成挥杆。一说起高尔夫球的挥杆动作，所有人都误以为"是靠球杆完成的""是用手臂挥打的"，都没有好好运用过他们的躯体。现在，我可以非常自信地从开球第一洞就打出漂亮的好球。不，别误会，我的技术绝对谈不上高明，也并没拿到什么高分。我年事已高，一年当中只不过玩上四五次而已，打出的球不会飞得很远，也不可能取得多出色的成绩。在这里我想说的是，高尔夫球的挥杆动作与走路一样，都是靠身体的躯干完成的。

然而，人类文明不断发展，人们出门时乘车代步，工作时则端坐在桌前。仔细观察会发现，人体的躯干基本上很少活动，仅靠手去敲击电脑键盘，靠手脚去驾驶汽车，大多数时间里就连头颈部也都一直面向前方。现代生活中，如果不做运动，我们的躯体就会变得笨重迟滞。于是，人们肚腩凸起、大腹便便，甚至有些明明是大男人，却由于胸前过度肥满，挺出两只大大的乳房；肩周酸沉，腰背疼痛，大腿根部和手臂上围赘肉丛生；肠道蠕动变缓，必须服用轻泻剂帮助排便。

说到底，躯干才是人体之本，是我们作为人的主体部分。

# 持续发展，源自死亡这一伟大机制
**2009.02.11**

所谓持续发展，是指一种"延续性""连贯性"。我们不愿去遵循生产与消费、成长与灭亡、发展与终结的规律，总期待建立一个能够连续生产、不断成长、持续发展的社会。

这种思考与《平家物语》推崇的美学观念——"繁荣之物，必不长久；盛极则衰，盈满则亏"可谓背道而驰。这种思想的背后隐蔽着回避和厌憎死亡的心理机制，潜藏着一种危险意识，即不相信死亡也具有"生产性""创造性"。

任何人都会有这样的经历：总有人先你一步离开人世。我也有这样的经历。对逝者的回忆越是深切，悲伤也就越加深重。直到上一刻还与你谈笑风生、憧憬未来的朋友，一旦失去生命，顷刻便化成了一团有机物质。如果置之不理，它便会渐渐腐烂。哪怕乍看之下，姿容并未发生什么改变，但仔细一瞧不过徒具人形而已，闪耀着生命光彩的表情已荡然无存。总而言之，那人已经去了某个陌生之地，那便是死亡。

然而，正是在死的前提之下，方能出现下一轮新生命。生命的诞生是一个亘古不移的约定。在这种具有存续性的背景之中，死亡牢牢占据着一席之地。

即使是在人的体内，细胞也在不断完成着生与死的循环。身体总在不断重复着生死。正因有了细胞代谢，人体才能保持鲜活。

"人类"也是如此。个体如同一颗颗细胞,在社会的机体里相继死去、诞生,更新换代。社会中的人生死更迭、旧去新来,这和个人维持着生命的鲜活,一直生存到死亡那一天的到来,其实是同一回事。

旧的细胞死去,新的细胞诞生,人体才能保持鲜活。同理,有一些人死去,另一些人诞生,人类这个群体才能保持活力。死是生的大前提,死也是生的一部分。不是有生才有死,而是有死才有生。

我们应该认识到,所谓持续发展,皆源自死亡这种伟大的机制。

我的另一点看法是,更侧重于生而回避死的"持续发展"思想,从中感受不到一点日本原有的传统美学理念。那便是"红颜终多薄命""虚空幻灭亦美"的日本审美意识。这种思想并非是从"生"这一侧感受美,而是从"死"那一侧汲取美。

如今,支配日本的是西方思想。这种思想试图将自然作为加工对象,使之服从于人类制定的规范。然而,日本人的美学观念却是,应把自身与自然融合为一体。萌芽、繁茂、枯萎、飘散……人类自身应当去跟随自然的规律。在日本的美学观念中,不会产生"持续发展"的概念和构想。它让人从寂灭中体味欢欣,因为寂灭预示了更大的诞生,死从不是件悲哀之事。

我想起已故散文家杉浦日向子女士曾说:"死,是生的另一种形态。"她写下这句话时,或许已经得知自己将不久于人世吧。从这行文字中,可以窥见她闪耀的人性光辉。

# 设计物体造型时，我早已对其触感了然于心
2009.02.17

我一直认为，设计是一曲用素材弹奏的音乐。素材、材料原属于地球的一部分，因此设计就是一种将素材中蕴含的"地球元素"抽取并表现出来的工作。

铁，我们能从这种材料的深处，听到火焰燃烧时炽热的声响；玻璃，曾经是一摊融化的液体，如同凝固的水，仿佛在说"关于火焰的记忆，早已烟消云散了"；岐阜县多治见市出产的陶瓷器皿，其柔润的白釉，彰显出白色的纯粹。

对我来说，设计就是与素材对话。如同与素材嬉戏玩耍，听它们诉说自己的蕴意，然后我们将其表现出来，其过程好像一首"存在之诗"。

我认为，设计的要义并不在于捕捉物的外部形态，而是侧耳聆听，去把握素材的整体印象，再为这种印象赋形。不过，形态并不是由我创造出来的，而是素材显现在我脑中的，非由我给予它形态，而是它自身的一种显现。

不，也不尽然。回想我自己的设计工作，形态浮现的方式，与其说仅仅来自于素材，倒不如说是从我与素材的关系之中诞生出来的。一旦手中握起工具，我的手与素材之间就在想象之中展开了一场对话。自从人类直立行走，解放了双手，而双手开始使用起工具的时候，手与素材的关系以及与之相关联的记忆，便诱导着我们对

其形态展开无尽的想象。因此,设计物体造型的时候,对其触感,我早已了然于心。

有时,我会在既无纸亦无笔的情况下用手指涂鸦一幅速写;也曾在开会的过程中,用钢笔在会议资料的背面或四周的空白处,简单勾勒出脑中浮现的形态。这样做的同时,脑海中的意象也会越来越清晰。反倒是郑重地在桌上铺好白纸,打算认真画一张草图时,灵感却迟迟不肯光顾。唯有在平平无奇的日常状态下,驾车时、看电视或喝下一口茶时,灵感才会倏而迸现。那个瞬间犹如一缕清风拂过心头,令我畅快不已。

# 又一位友人离世了
**2009.03.02**

朋友发来一封邮件,其中写道:"稻越功一昨日傍晚去世了,听说走前十分平静……"我脑中仍深深印刻着稻越的音容笑貌。对于我极为震惊的回复,朋友又在回信中如此写道:"他弥留之际十分安详,仿佛心灵得到了彻底的净化。真希望近期大家能抽空一聚,畅饮叙谈。"

人生一世,千般思绪,纷繁杂陈。我想,死去之人大概并没有这样的烦扰,凡事一了百了,再无半分牵挂,甚至连肉身已逝这事也浑然不知,便从此世彻底消失了。

稻越生前曾为我个人拍过照片,也曾接受我的委托,拍摄过我设计的建筑。"我从自己的作品中挑选了三座建筑,你能否帮我拍些照片?就用你自己喜欢的手法大胆拍摄就好,哪怕带着批判意味也无所谓。"当时,我这么请求他。

稻越是个性情平和稳重的人,总是一副笑眯眯的样子。偶尔被我撞见他跟一位美丽的姑娘在一起,还会面露羞涩之意,仿佛一个青涩少年。

他那一阵子拍了大量的照片,最后辑成一册摄影集《ARCHIGRAPH 黑川雅之 X 稻越功一》,当中还收录了从我设计的建筑窗口拍下的户外风景写真。记得当时我感叹:"稻越君,你很厉害……竟然从内部视角去呈现我的建筑。"他非常清楚,从我的建筑中望出去的风景，也属于建筑的一部分。

大家都说，设计是一种对感觉的捕捉和再现，但这句话遗漏了太多珍贵的情感。每次看到所谓"感性时代"之类的表达，我心里都会嘀咕："嗯……又来了……"不知有多少次了，人们都是这样去定义设计的。

而我的个人记忆，是否也属于这感性时代中感性的一部分呢？若说我感性敏锐，我是否曾捕捉到稻越的音容笑貌之中暗藏的一丝寂寥呢？

我希望将寂寞、心痛、思念等所有情感都归于"感性"之中，从这样的角度去理解设计。稻越先生宛如少年一般、暗藏一抹寂寥之色的温和笑容，我也希望通过设计将它捕捉下来。我更希望像创作文学作品那样去从事设计。

究竟是为什么呢？较之于"生"，"死"这个命题一直更具有悠长的文学余韵。

# "死"这个字在封面上旋转翻滚
2009.03.02

今天,我拜访了松永真先生的工作室。我俩的工作室曾经设在同一栋楼里,后来,很久都没有再一起工作过了。

时间过去了好几年,松永却一点儿都没变。我俩煞有介事地安排了在他工作室会面。这家伙还是老样子,既单纯又复杂,集自虐、自傲、羞涩、严肃于一身,让人又爱又恨……我写了他一堆坏话,恐怕这段会被删掉吧。

见面的原因是我想把《设计与死》这本书的封面委托给松永来设计。毕竟我俩真是多年老交情了,于是他一下给了我两种封面设计方案。

松永的方案,果然清晰明确、直截了当。我当时心想,这家伙真不愧是天才啊!"设计"与"死"这几个文字,在空白的封面中旋转,翻滚。它们摇晃着,在空间中悬浮,漂移。这几个文字已经超越了文字本身,成为"设计"与"死"其存在本身。也就是说,"设计"与"死"几个字已超越了其自身作为表意符号的作用和属性。因此,白色的空间才是封面的主角。"死"这个字不仅具有死的含义,同时也是一种"物体",具有强烈的存在感。由于字成了"物体",于是封面的留白也并非一片虚空,而化为一片丰饶的空间。

对物进行设计,最重要的是把握它的"气场",并非对物自身进行设计,而是去设计它的气场。对于抱持这种理念的我,松永看似漫不经心地提出了这样的封面设计方案。这个家伙,果然非同凡响。

本书书名"设计与死",当初是由 Socym 出版社的野上编辑提议的。在对方连书名都代我拟好并提出邀约的情况下,我才启动了出版计划。因此,这本书既是野上的作品,也是松永的作品。正因为具备了如此理想的制作流程,本书才得以顺利付梓。

# 我只是想要去创造
2009.03.06

做设计没有更多的理由，总而言之，我只是想要去创造。形形色色的构想，总浮现在我脑海。当然，预估成本之后，有时我也会重新考虑制作方法和产品构造，其过程并不容易。不过，尽管有各种烦恼，五花八门的构思依然会不断涌现。

此刻我想制作的是一种透明的调味瓶。体型迷你、如透明泡沫一般，存在感稀薄、如梦般易碎、仿佛一触即破的调味瓶。人们可以透过瓶身看清里面的调料……装胡椒也好，装盐也好，当然装芝麻也可以，或者装配意大利面的蒜香辣椒粉。因为瓶身是透明的，里面盛装的调料全部可以从外面瞧得一清二楚。薄薄的玻璃材质，让人感觉轻盈且脆弱。

这样的调味瓶在餐桌上摆一排，既可以全部固定在某个底座上，又可以随意散置在各处。因为可以看清瓶里面的内容物，于是五颜六色的调味料就起到了装点餐桌的效果。用来搭配白色桌布再好不过。盛取调料的瓶口，不用设计成以往那种三孔或单孔的，因为不必通过瓶口来判断里面盛装的是什么，从瓶身就能够辨别，所以只要一大一小两种瓶孔就已足够。根据调料的种类来匹配瓶口，方便取用符合自己口味的调料即可。至于瓶身的造型，最好像水泡一样胀胀的、鼓鼓的。

画建筑草图的时候，我总恨不能立刻抓起纸和铅笔。要将脑中的整体构想全部呈现出来,是个规模不小的工程,因此会比较辛苦;若是一些小产品的构思,我总是在头脑中就可以基本酝酿成形。我会一边留意各种问题,一边在脑中勾勒出它们的形态,仔细想象它们的颜色,甚至加上反光的玻璃质感。头脑中的素描图反倒更加真实。

头脑中的设计图,相较于最初的构思会渐渐发生很大变化。思考的过程中我会考虑很多问题,例如:在哪里以及委托谁来加工;怎样缩减库存的种类;模具的价格;如果不提高下单的数量,是否会导致成本过高等。不过,尽管影响因素很多,但头脑中的设计图仍旧在不断丰满成形。最终,价格不再是首要考虑的因素,使用者的良好感受理所当然被放在首位,物品在一个诗性空间内的存在感,以及对光的反射效果,才是我重视的品质。

自从创立公司"K"以来,做设计变得简单起来。从生活场景到销售场景,以及在制造过程中遇到各种问题时职业匠人如何思考,方方面面,我都有所了解。于是,便能自然而然地描画出每种产品的制作形态,甚至它们诗性的一面。最终,脑中的构想落实在图纸上,下单投入生产,并添加包装,从说明书到导购手册等所有环节都让人感到,这件产品是以制造、销售和使用者三方共通的设计语言完成的。

"K"的组织机制,不仅在于用这种方式去制造产品,而且它还能解放设计师。这一点既在我的运筹之中,又着实令我感到意外。如今,我就好像职业匠人一般,抱着对材料的热爱从事着设计工作，却丝毫不觉得受到束缚。无论遇到何种材料，都能自如地选择运用，能够和熟知它的职业匠人协作。甚至，我时常会想到瑞士的销售员小欧，以及中国台湾地区那群年轻的销售员，一面在脑中和他们探讨着合适的营销术语或谈话技巧，一面完成产品的构思。当然，关于消费者的心情，以及商品在店铺的陈列方式，我也一并成竹在胸。这样想来，通过创办公司"K"，我自己似乎也变成了一名产品制作的总指挥。

过去的设计师们都与生产技术保持着距离，将生产全权委托给制造商，甚至对于商品的销售场景及定价也有意回避，将这一切都当作明明只是协作搭档的销售方的问题而置之不理。创立公司"K"，使我得以站在制造、销售，以及使用者的角度去思考产品设计。这种痛快尽兴的感觉，是通过"K"才实现的。"我只是想要去创造"，连这种愿望也毫不打折地兑现了。我想，自己或许创造了一套最适合做设计的终极机制吧。虽说此刻各种各样的问题堆积如山，但美好的前景已然在望。

# 人，因为想要创作而创作
**2009.03.06**

人为什么要进行创作呢？对其背后的理由，过去我考虑得十分单纯，就是"因为需要，所以创作"。但近来，我却开始不这么想了。

人是因为想要创作，才从事创作的。我认为，在产生"想要什么，于是就去制作什么"的动机之前，首先人人都抱有一种"管它是什么呢，先做点什么再说"的创作冲动。

人自打出生之日起，便总处于"深不可测的不安"之中。我想，正是这种不安，促使人去画点什么，或创作点什么。

制作一件物品的动机，也是从"置身于生命的神秘过程中所伴随的不安感"，或者应该说，是从一种创作冲动开始的。因此，被人制作出来的物品，我想其本身也是缓和人内心不安的存在。

当我们感到不安时，往往会无缘无故握住他人的手。有时会拥抱一棵大树；有时俯身用腹部贴近大地，便能感到心里踏实；或者，就靠在椅子上或倚在桌边，才能放松。同理，人与人之所以会拥抱，也是因为觉得怀里抱住点什么才有安全感。

我在前面写过，人类创作的出发点在于"深不可测的不安"。这份不安，正因深不可测，所以无法通过任何东西去填补。就像什么都不吃的话，肚子就会饿，什么也不做，人就会被不安侵袭。宗教学者中泽新一先生曾经写过，"一切宗教产生的原因都是匮乏感"。我在此提出的"深不可测的不安"，与他口中的"匮乏感"，大概有些相近之处吧。

母亲腹中孕育的婴儿,在其降生的瞬间,便体验到了巨大且难以忘却的不安。之前它一直栖居在母亲的子宫,处于无重力状态,漂浮在与自己体温相近的温暖羊水中,既不需像成人那样呼吸,也不需进食,置身在一个被安全守护的理想空间内。忽然,婴儿被强力挤出母亲体外,不自主呼吸便会死去,不吃东西便无法维系生命,体温不断被外界的冷空气剥夺,置身在一个重力环境之中,还必须靠一己之力支撑自己的身体。

我想,正是这份体验将深不见底的不安根植在人的潜意识之中。这种天生携带的、毕生无法摆脱的不安,让人不惜押上自己的一生去试图填补。宗教亦是如此。甚至艺术活动、友情、恋爱等,所有人类活动皆起源于这份不安。

于是,创作活动也由此展开。创作的动机并不仅仅是"想要点有用处的东西,所以就去制作它",在这种念头产生之前,创作这件事本身就具有某种意义。而物品所具备的对不安的消解作用,也使得无以计数的人工创造物诞生在这个世间。从这种意义来看,所有人工创造物皆似排泄物,只是不安排出的粪便而已。

人类没有仅仅停留在制作物品的层面,还为了增强自己的能力生产了工具,然后这些工具又作为商品进一步成为产业活动的道具。并且,它们与物品最初的存在理由——"消解不安"发生意义上的结合,最终充斥了整个世界。

# 补　记

《设计与死》这本书与中国电子工业出版社的合约到期之后，对方曾提出希望续约，但最终我还是决定换由其他出版社再版。以往我的著作在中国的一切出版事务，都全权委托给了某家公司代理。考虑到将著作交由同一家出版社出版，能够使所有作品的呈现风格统一，因此这次《设计之死》的再版，也便一并归拢在其中了。

《设计与死》的上一个版本，未经我本人充分细致的审核，便付梓成书了。因此，本次再版的封面采用了与日文原版相同的设计方案，即松永真先生提供的设计。他身为日本最具代表性的设计师，同时担任着设计事务所艺术总监的职位。至于中文译稿，也交由新的译者重新打磨，恳请译者尽量忠实于我的日文原作进行翻译。

话虽如此，并不是说之前的版本有什么不好。旧版不仅有优秀的译者进行翻译，封面设计也尽量参考了松永真先生的设计方案。我甚至觉得将新旧两版放在一起比较来读，也未尝不是一件有趣的事。对于不懂中文的我来说，虽是件不可能完成的任务，但看一看翻译版本不同的情况下，文风会发生怎样的变化，倒也令我兴味盎然。

早已购买过本书的朋友，手中的旧版大概将成为珍贵的资料吧，但新旧两版同时收藏，无疑也会有值得深思的新发现。这一点，对于读不懂中文的我来说，真是一件憾事。在此，我要感谢为新旧两版《设计与死》尽心尽力的所有人。

黑川雅之

2017年8月10日